国际时装设计精品教程

时装设计
与作品集规划

PORTFOLIO PRESENTATION
FOR FASHION DESIGNERS

[美] 琳达·泰恩 | 编著　王玥 | 译

U0211055

中国青年出版社
CHINA YOUTH PRESS
中青battery

前 言

这本书出版的初衷，是想要为那些即将开启自己时装设计生涯的设计师们提供一份时装作品集参考。而对于那些已经在这个行业里工作的人们，以及那些希望重返这个职业的人们而言，这里所呈现的新思路，将可以为他们提供新灵感，重新打造或改革他们的作品。这本书也将为那些时尚行业的教育者、顾问以及从业者们提供有效的、标准化的作品集信息。

为了彰显设计师在这个瞬息万变的行业中的多面角色，每一个章节都强调了基础技能和技巧，以此帮助设计师们提升在这个行业当中的竞争力。设计师们通过关注逻辑鲜明且创意无限的解决方案，从而在打造个人作品集的过程中增强意识——从最终展示的作品中体现出概念。

第一章大致描述了时装作品集文件夹的不同类型和功能，以及媒介和技术对于一个成功而独特的造型的重要性。作品集/作品展的文件夹在这里得到了描述和佐证，从而表现出不同形式的文件夹的优缺点。

第二章关注设计师速写从世纪初到现在的历史发展进程，这里应用了大都会艺术博物馆和纽约时装学院博物馆特别馆藏的档案来作为实例。每一个针对个性化造型的讨论都强调和印证了绘画风格、剪裁和比例、演绎技巧以及媒介的作用，从而展示了时尚设计是如何通过不断地重新改变自己来跟上时代的潮流。这部分的历史概论为设计师们提供了视角，也提供了多样化的灵感源泉。

第三章表现了从客户和市场的角度来关注作品的重要性，从而带来从始至终保持一致的风格设计意识。纷繁多样的时装设计市场是讲究具体细节的，同时也包含了知名设计师们的高辨识度参考。客户形象及资料的不同案例在这里也被拿出来作比较参考。

第四章概述及定义了不同的作品集形式，同时也讨论了它们在作品面试过程中的不同角色。在这里，架构和每种形式的内容都通过相关的案例进行探讨。尽管这章内容主要集中关注了传统时尚设计作品集及其组成部分，尤其是将一些核心的作品展拿来展示和讨论，这章里还包括了一份作品集评估清单以及作品集评估表格，从而协助设计师们为其作品面试做准备。

第五章定义了设计日志，或者称之为草图书，这是作品集的好搭档，同时也强调了其在帮助你找到一份合适的实习或者入门级岗位时的重要性。这一部分也讨论了快速画图技巧如何在时尚大家庭的不同领域中为你表达想法和创意提供帮助。此外，设计日志还能充当设计师们的档案资料，它通过画图技巧、灵感来源以及色彩和材料的领悟，表现出了设计师们的独特设计思路和过程。这里也提供了展示技巧和一些建议练习。

第六章主要关注现实中作品展示的版式，并概述了整个计划的过程。作为支持形式，比如情绪/主题、布料/颜色以及平面版式等，这些方向定位、页面关系、数据组成、数据形式以及它们和设计类别的相关性都得到了非常细致的展现。

第七章呈现了一个前所未有的分析，以及通过谭红（Hong Tan）、杰弗里·格茨（Geoffry Gertz）和安娜·基佩尔（Anna Kiper）等人上百份案例展示，从而来指导创建平面款式图以及规格图。因为该基本技巧在现代时装市场上是极其重要的，因此这里描绘了不同级别的绘图技能以及服装制造。而对于那些特殊服装剪裁，比如上衣、裤子、半身裙、夹克外套、外套、连衣裙以及内衣等，都在这章里有详细描述，从而可以帮助那些设计师们打造出属于他们自己的设计风格。不同的剪裁所带来的多样性在这里也得到了展示，从而印证了专业设计师们是如何打造出他们的平面设计资料库，这

国际时装设计精品教程

时装设计
与作品集规划

PORTFOLIO PRESENTATION
FOR FASHION DESIGNERS

些珍贵的资料会被应用于服装设计的规格表及展示板制作中。一份行之有效的有益提示会帮助设计师们打造出既精确又有视觉冲击力的平面款式图。

第八章探讨了展示板作为营销工具以及沟通工具的重要性。这里讨论了不同种类的展示板和它们的使用方式，同时也详细描述了设计师们是如何计划和创造属于他们的展示板的。同时，这里也通过一些已经得到认可的案例作为练习，从而通过分辨不同的材料和技巧来打造出专业的成果。

第九章关注了男装设计市场，突出强调了它的专门性和特别作品集需求。这一章里也讨论了色彩感觉和色彩搭配、展示板以及平面设计。此外，设计师还可以通过时装设计案例从而获得男士服装设计的剪裁经验和灵感。通过和女装设计市场的对比，突出了男装市场的独特性。这里也给出了一些附加案例，从而展示出概念、材料范例以及硬件设备等。这里还通过美国时装设计师协会（CFDA）获奖男装设计作品集极好地展现出了该领域在时装设计中的特别之处。

第十章讨论了童装设计师们的独特风格以及设计需求，以及该作品集的特别市场需求。在童装设计领域，年龄和性别的不同带来了设计上的不同，在这里也得到了讨论。童装的特别潮流趋势以及灵感来源已经在该领域中得到了印证，比如说历史的灵感来源、民族的影响、儿童文学、布料和剪裁以及性格的认知等。这一系列的特别之处的概述和详述又与性别和年龄有着极大的关系。此外，主题的方向、运动装配置以及风格设计等，在童装设计作品集中都属于基本元素，它们也会帮助设计师们发展出专业标准的意识。特别打造的童装剪裁和服装案例在这里得到展示，从而表现出童装设计作品集的多样性。

第十一章整体展示了时尚配饰，同时也包括了这个领域顶尖设计师们的观点和评论。这一章讨论了配饰的市场受欢迎度，以及它们所带来的心理作用。这里也提供了一个设计练习，从而帮助设计师们提高配饰与时装之间密不可分的意识。附有测量数据以及标识的详细设计图纸案例，从而印证了组合和设计技巧作为基础在这类产品制作过程中的重要性。设计师们一定会喜欢这类作品集的讨论、作品展的形式，以及这类作品中符合不同市场的不同风格需求的有效且独特的案例。概念和材料也如同在其他服装市场章节中讨论的一样，在设计作品展中得到了讨论。柏柯尔（Botkier）的一个手袋案例，充分完美地展现了设计、绘图和展示技巧。

在每一份工作当中，设计师们都增长了技能，提高了技巧，获取了重要的意识，加快了速度，也增强了自信心。这些被你选中的技巧同时也会成为你工作中的所观察到和实践到的经验和成果。你六个月前所满意的一切将会随着你的工作和成长而被彻底地改变。你的作品集应该体现出这样的改变，而且需要随着你的成长和改变而不停变化，从而展现出一个符合当下潮流的你。每一次的增加和删减，对于配合你的每一次作品面试而言，都是一次重要的练习。最重要的是，你要学会让自己用犀利的眼睛去发现并表现出身边的一切。请记住，用新技巧和材料去体验的这种想法和意愿是非常重要的，它可以为你的工作带来新鲜和活力。

创造出一份时装设计的作品集是一份充满任何可能性的创意过程，而且没有任何简单的路数。它可以由一个概念或者一个想法开始。改变是自然创意过程中的一部分，也是让我们变得兴奋的原因。你可以将自己的作品集的发展变化过程视为一份关于设计的独特的问卷，同时也可以将其视为一场寻找你自己独特解决方案的冒险旅程。

致 谢

在很多优秀的、慷慨的人们直接或间接的帮助下，这本书得以呈现在众人眼前。我非常感谢理查德（Richard）、尼克（Nick）和琼（Joan），感谢他们的理解和耐心，也感谢他们带来的欢乐。感谢宝莲·思迪普曼（Pauline Stipelman）在这个项目过程中，用她的爱心和精心准备食物，关爱着我。这个项目需要我有足够的毅力和耐力，因此，我非常感恩洛雪儿·莱斯（Rochelle Rice）从身体和精神上帮助我获得足够的毅力，这既改善了我的健康状况，又让我实现了职业生涯目标。

感谢那些给予我灵感以及发掘出我才能的老师们：特别感谢米尔德勒·格拉伯曼（Mildred Glaberman）指导我去纽约时装学院学习时装设计。在此，我真诚地感谢鲁斯·麦克穆雷（Ruth McMurray）、贝阿彩丝·杜安（Beatrice Dwan）、鲁斯·安瑟勒兹（Ruth Ahntholz）、比尔·罗宾（Bill Robin）、安娜·伊斯卡瓦（Ana Ishikawa）、法兰西斯·尼迪（Francis Neady）以及法兰克·沙皮洛（Frank Shapiro），他们教会了我要相信自己的才能，鼓励我去给更多人传授我的经验。

非常感谢安·坎（Ann Kahn）和尼古拉斯·波利提斯（Nicholas Politis），是他们从最早的时候开始教我使用电脑，而且对我一直都有奇迹般的耐心，永远在支持我。

我希望能在此对我的同事们表示感谢和认可，是他们尽心尽力为这本书收集到了不少出彩的作品：纽约时装学院的理查德·罗森菲尔德（Richard Rosenfeld）、纽约时装学院的凯伦·诗茨（Karen Scheetz），以及同样来自纽约时装学院的米歇尔·维森（Michele Wesen）。我也希望能特别感谢一下来自纽约时装学院的乔安·兰蒂斯（Joanne Landis），她帮助我审阅了一部分文字，同时不断地提醒我要保持自己本来的"声音"。特别感谢来自玛丽山学院的珊迪·凯瑟（Sandi Keiser）对我的支持和鼓励。

感谢纽约时装学院的杜罗蕾思·龙巴蒂（Dolores Lombardi），她从一开始就鼓励我做这个项目，而且为我提供了大量珍贵的背景资料信息。感谢吉尔·艾姆贝兹（Gil Aimbez）慷慨地帮助二十五个学生准备他们的面试过程和作品展示。很感谢精明管理公司（Savvy Management Inc.）的总裁托尼·斯达费尔利（Tony Staffieri），他为我提供了与求职过程的方方面面相关的优秀讨论会，这些对我而言都有着极大的帮助。

我想向卡米尔·阿波尼特（Camille Aponte）致以感谢，她为本书的第四章"组织和内容"，以及第六章"展示板式"都提供了很有价值的意见和建议。感谢纽约时装学院的弗兰塞斯卡·斯特拉茨（Francesca Sterlacci）允许我在第三章"客户研究"的时装设计市场概览部分使用她的原创资料信息。

我同样感谢部分同事，他们为部分章节内容的文字和展示做出了重要的贡献。深深地感谢纽约时装学院的斯蒂芬·思迪普勒曼（Steven Stipelman），在整个项目过程中为我提供了内容、支持鼓励和个人见解，这些都一直激励和影响着我的工作。非常感谢迪亚瑞克·科努普（Dearrick Knupp）为第九章"男装设计"提供了他富有想象力的男装设计内容，以及他一直以来的有效意见和建议。感谢纽约时装学院的雷纳尔多·A.巴内特（Renaldo A. Barnette）以及他那堪称典范的设计日志，尤其要感谢他允许我们分享他的个人设计过程。他从文字中所表现出来的完美插图，对于富有经验的设计师和有志成为设计师的朋友而言，都是极其珍贵的灵感源泉。非常感谢纽约时装学院和纽约帕森设计学院的米歇尔·维森，感谢她在第一章"作品集风格简述"中提供的作品集和作品展示案例研究。特别感谢安娜·基佩尔为我们提供了她多才多艺且极具活力的插图，而且让大部分章节都完美地连贯到了一起。

我想特别感谢丹尼宝文（Dana Buchman）的设计总监谭红，感谢他在第七章"平面款式图和规格图"中提供了超乎我想象的建议和贡献。他在这一领域渊博的知识背景，以及完美的插图对于这章而言都是非常重要的，我感到非常幸运能够与他一起合作，这对我而言是非常有创造性意义的经验。他对我在平面设计和规格图方面的很多想法都有着极大的影响，而且他也在这个领域教会了我很多。这是标志性的一章，他的贡献和合作在这里都是分不开的，在这里他设置了新的行业标准，也在职业市场上为更多人打开了更多的大门。我要感谢杰弗里·格茨的慷慨大方、热情，以及他为这一章节和平面设计"图书馆"所提供的完美的电脑平面设计技巧。他大师级的插图、电脑精准及大量的实操教学经验，都为我们提供了一个新鲜而且前沿的视角。此外，我还要感谢美国汉佰有限公司（Hanesbrands Inc.）巴厘岛分部的安东尼·奴佐（Anthony Nuzzo），感谢他在这一章节中提供的有效的、有建设性的建议。

关于第九章"男装设计"，我想感谢以下为此内容付出努力的人士：丹尼尔·卡隆（Daniel Caron）运动品牌副总裁莫尼克·赛琳娜（Monique Serena）、萨尔·鲁吉尔罗（Sal Ruggiero）、纽约时装学院的文森佐·加图（Vincenzo Gatto），以及阿隆·邓肯（Aaron Duncan）。此外，我想感谢安德鲁·科特沃（Andre Croteau）、迪亚瑞克·科努普、亚历克斯·斯德哥（Alex Seldes）、雷德·古帆思（Leonid Gurevich）以及克里斯托弗·尤文诺（Christopher Uvenio），以及感谢末光正孝（Masataka Suemitsu）和艾伦·保罗·哈里斯（Alan Paul harris）极具活力的艺术作品。Alan是我之前的一个

学生，我的好朋友，也是极具天赋的设计师，在我写这本书的期间，他离开了我们。很多我们早期的对话、理念和实践都贯穿了这本书的很多章节。他的活力和对美学的感知会一直常伴我左右。

我很感谢伍德托贝-科本学院（Wood Tobe-Coburn）苏珊·科汉（Susan Cohan），她为第十章"童装设计"提供了意见、建议和编辑，这对于这一章而言是无价之宝。我同样要感谢纽约时装学院艺术设计院的院长乔安·阿布科勒（Joanne Arbuckle）的推荐，尤其感谢贝斯·凯（Beth Kay）对于童装设计产业的整体概览。特别感谢唐纳肯尼的米奇公司（Mickey & Company by Donnkenny）的克里斯·陶尔（Chris Tower），在帮助我选择约翰·理夫利（John Rivoli）的优秀作品是提供了极大的帮助，也为我在获得迪士尼企业授权许可的过程中提供了很大的指导。

特别感谢纽约时装学院配饰设计项目的主管艾伦·戈尔德斯坦因（Ellen Goldstein)的推荐，以及同样特别感谢瓦斯里奥斯·克里斯托菲拉克斯（Vasilios Christotilakos）一起在迷你系列照片的合作。瓦斯里奥斯慷慨地帮助我收集和编辑这一章中所需要的艺术作品。他的慷慨大方、热情、专业，以及在行业内的良好人脉都给我带来了重大的影响，我觉得非常幸运可以和他一起创作，一起合作。我特别想感谢下面这些人，他们慷慨大方地分享了他们的观点和轶事，让这一章节变得更接地气：凯莉·阿底娜（Carry Adina）、帕特里夏·安德伍德（Patricia Underwood）、苏·希佩尔（Sue Siepel）。特别感谢柏柯尔提供他们漂亮的手提包设计。

我想借此机会感谢纽约时装学院博物馆，感谢他们允许我使用他们档案室的照片，感谢纽约时装学院特别系列展和雪莉·古德曼（Shirley Goodman）资源中心的凯伦·坎奈尔（Karen Cannel），她一直尽心尽力帮助我

在第二章"设计速写：时尚的历史"中选择特别的速写案例，非常感谢。此外，我还要感谢理查德·马丁（Richard Martin）和哈罗德·科达（Harold Koda）允许我从大都会博物馆的档案室中使用研究内容和照片，同时特别感谢德伊德雷·东诺胡（Deidre Donohue）在研究过程中提供的帮助。这研究对我而言就是一种爱的劳动。此外，我要还感谢棉花公司（Cotton Inc.）为第四章"架构和内容"提供了先见材料。

我还要向提供材料和信息的萨姆·弗拉克斯（Sam Flax）、布鲁尔·坎特雷默（Brewer-Cantelmo），以及其他设计伙伴们致以感谢。我特别要肯定比尔·路易（Bill Louie）的工作，他在写这本书的期间离开了我们，他为我和我的学生们在提供艺术供应研讨会和样本上提供了极大的帮助。他为这本书的文字提供了很重要的内容，我们都非常想念他。

此外，我还要感谢玛丽莲·赫芬恩（Marilyn Hefferen）为我们提供了新秀美国时装设计师协会的作品集。她独自在这一版中为纽约时装学院的内容陈列做了沟通协调、美学摄影及数字化图像的工作。她作为学院成员的一员参与到这个权威的设计比赛，并给予了我们一个独特的视角，这对我在做这一部分内容的时候也有着不可估量的价值。同样特别感谢劳拉·布本（Laura Buben），艾琳卡·诗库德（Erika Schuster）和勒维·斯塔福森（Levi Steffensen）允许我在内容中使用他们优秀的作品集。

特别感谢米歇尔·布鲁萨尔（Michelle Broussard）大量的内容贡献，包括第五章"设计日志"和第三章"客户研究"中的青少年和当代系列设计市场附加内容。

我想继续感谢仙童出版社（Fairchild）员工们为这个项目的努力和付出。感谢执行编辑奥尔加·孔兹亚斯（Olga Kontzias）一直以来对这一版和未来项目的支持和帮助。特别感谢前助理发展编辑贾斯丁·布仁南（Justine Brennan）、资深产品编辑伊丽莎白·马洛塔（Elizabeth Marotta），以及前助理艺术总监艾林·菲兹西蒙斯（Erin Fitzsimmons），他们的耐心、敏锐力和全面的编辑是指导我们前行的力量。

我想感谢以下这些读者和评论者们，感谢他们对之前版本的贡献：杨百翰大学的凯西·君（Kathy Jung）、雪城大学的婕克琳·科勒（Jacqueline Keuler）、马歇尔大学的格兰达 L.劳瑞（Glenda L. Lowry）、特拉华大学（纽瓦克）的玛丽·珍·玛特兰格（Mary Jane Matranga）、伍德托贝-科本学院的沙朗·拉普塞克（Sharon Rapseik）、科罗拉多州立大学的戴安·斯巴克斯（Diane Sparks）、阿迪斯艺术学院（Ardis）的玛丽·圣西博莱特（Mary St. Hippolyte）、波士顿时装设计学院的理查德·维斯（Richard Vyse），以及埃尔帕索社区学院的特里斯·温斯特德(Trish Winstead)。

最后，我想感谢我的学生们，在过去的几年里，他们为这本书从无数个角度做出过贡献——因为他们，这本书如今得以呈现在众人眼前。

——琳达·泰恩（Linda Tain）

目 录

CHAPTER 05
设计日志

CHAPTER 06
展示版式

CHAPTER 07
平面款式图和规格图

CHAPTER 08
展示板

CHAPTER 09
男装设计

CHAPTER 10
童装设计

CHAPTER 11
时尚配饰设计

作品集
风格简述

在当今竞争激烈的时尚产业当中，你的作品集就是你最好的销售工具。而且它还必须能够表达出你与众不同的风格，通过作品案例反映出你的努力，让人们看到你的技能和专业度。简而言之，你的作品集要给别人呈现出的最重要的作品——你。

潜在的雇主都是非常善于表达、有创造力、视觉审美敏锐的人，他们通常都在高压和紧张的日程安排下工作。因此，他们自然需要雇佣那些有同样能力的设计师。一份强而有力的作品集和一份令人印象深刻的简历，是你进入时尚创意领域的关键。

你的作品集同样也会是非常有效的面试工具。尽管你可以声称自己掌握哪些技能，但你的作品集能够提供更好的视觉证明，展现出你的创造力、组织架构能力和专业技术技巧（比如缝纫、打褶、制作花纹等技能）、绘图能力，以及对时尚潮流的意识等。

时尚设计师们会把他们学习阶段的一些作品整合起来，如刚进入设计院校时的作品、实习期的作品集以及毕业作品集，以此来展现出他们学习的全过程、学习的能力和对时尚的感知等。此外，如果要继续进入研究生阶段深造，那么你也需要一份作品集；如果你需要以专业人士身份再次回到职业市场，你不仅需要一份作品集，还需要加上近期作品案例、媒体报道截图，以及发布过的作品等。

一份具有创意的时尚作品集应该是在不断发展进步，且永远不会随波逐流的。你也应该通过一些有个性的作品来吸引每一家不同的公司，因此能让他们感觉到你能为他们的发展提供潜力和热情。

1.1 材料的选择和技巧

选择作品集的内容固然重要，但是同样重要的还包括如何去展现这些内容。选择和使用适合的艺术原材料，需要认真周全的考虑。

几乎任何一种材料都能被当作是艺术的原材料。有时候一些最不常见或者非传统的材料会被设计师们运用得非常成功。比如，一位具有表现力的朋友会使用真正的化妆品来表现其绘画，又如我认识的一位设计师，用咖啡印来做印花布料展示。永远用心去选择你的材料，会让你打开发现的大门，发现独特的可能性，从而最终在你的作品中表现出更多的个人创意。

如果不谈技巧，那讨论再多的媒介或材料也是没有用的，因为它们是相互依存的。这里说的媒介指的是表现艺术感觉的工具或材料。技巧是通过采用你所选的材料去创造出想要的效果的方式。可以说，你所选择的材料已经从源头决定了最后成品造型。

能让成品呈现你想要的效果的另一因素就在于掌握媒介的技巧，你要有依据地选择自己想要的展示技巧。首先，需要考虑到你都掌握了哪些技巧，并且能将其表现在最佳的成品当中。当你尝试过人量的新技巧和不同的艺术媒介后，你就能更好地辨别出哪些技巧使用起来更得心应手，同时也能认识到哪些媒介更适合使用。每个人都不可能做到尽善尽美。有些设计师喜欢水彩画的感觉，有些设计师却倾向于选择毡头马克笔的风格，而且有些设计师更喜欢用剪贴的方式米表现，但有些设计师却喜欢借助电脑设计软件来工作。不管选择什么样的技巧，它都应该能表现出你当下最好的水平和状态，而不是表现出你喜欢什么。你也许会喜欢水彩画，但是可能你会发现马克笔风格更适合你。发现不适合自己的技巧和材料也同样重要，而且它还可能会引导你去学习想要了解的一种技巧。

另一个在选择表现技巧的时候要考虑的重要因素就是行业意识。工作中的截止日期会要求设计师们不停地在工作中表现出速度、明确度和精准度。时尚行业中最常见的技巧和材料就是根据这些而选择出来的，这也被我们称之为"快媒介"。

对于那些住在偏远地区的人们而言，获得好的艺术原材料可能比较困难，甚至不可能。同样，一些设计师会发现本地的供应商无法提供制定品牌或者类型的材料。很少有艺术原材料的商家可以生产和提供他们所需要的材料，大部分商家都只能提供制造商们所提供的产品。制造商们不喜欢直接从客户那里接订单，他们更愿意为目标的商家提供供应。

到大城市去需找适合的艺术供给资源是非常值得的。在你看过他们挑选出来的产品后，可以直接通过电话、传真甚至在线直接订购产品。

1.2 作品集文件夹

作品集的文件夹本身就是一种设计陈述。新手设计师们经常会在作品完成后，面试前，选择作品展示文件夹。这样一来，就有点变得主次不分了。选择文件夹的最佳时机是在挑选作品之前。因为当你开始选择作品集文件夹的时候，你很有可能会被它影响，从而改变一些自己这个作品集的最初的想法。

不管你是选择一个文件夹来表现你近期工作的状况，或者是将你的工作放进一个特制的文件夹中，都要确保这个文件夹是牢固耐用的。有些设计师会制作自己的文件夹或者定制一个。

选择作品集文件夹的时候，一定要考虑到实用和美观两个方面。作品集文件夹的颜色、装饰和细节都有助于表现出你的专业态度。你所选择的作品集文件夹将会和你的作品集内容以及穿衣礼仪等方面一起被评估。一个独特的作品集文件夹将会影响到别人对你工作的看法。它会向人传达你对于工作的细心和专注。

开始你的购物之旅吧。去寻找更多的资源，去看看更多的风格和尺寸。艺术材料商店有大量的选择，也可以给你提供更多的邮购类别选项。（注：除非你已经非常熟悉某种特别的风格，否则不推荐使用邮购。）那些提供定制服务的商家非常值得一看。这些资源都能给你提供独特的选择，从而使你的作品展示变得更独特。

在购物的时候，可以细看一下细节特色，比如说五金、边角、口袋和装饰等。要确保作品集文件夹不能太重，否则加上塑料套和你的书之后，重量会大大增加。在购买文件夹之前，一定要量好内部尺寸，要确保你的作品集和任何附加在里面的内容都可以放得进去。如果时间允许的话，你可以在打折的时候，或者用自己的8到9折学生折扣来购买。

购买文件夹的时候，还有一件事要考虑的，那就是适合它的文件分装套类型。一个漂亮的文件夹如果里面的部件不吸引人，那就可能会让作品展现令人感到失望了。有些文件夹有活页装订；有些则没有活页装订但却能很好

地装载作品集。任何一种类型的文件夹的分装套都应该能很好地保护不同的版块和边角。这些分装套从外表和打开方式都有着不同的类型。你应该要了解哪种类型的更适合你的文件夹和你要展示的版块。没有包装的透明塑料分装套如果在经常使用过程中已经出现了痕迹和磨损，应该及时被替换掉。

代替分装套活页文件夹的另一种选择是精装书展现形式。这种类型中，版块通常都是永久固定在轻材质板当中的，这就可以让艺术作品以及布料可以直接被人看到。有些设计师更喜欢这种风格，因为他们认为这样更能带给他们更加令人激动的面试体验。露出的部分可以让看的人摸到并感受到这些布料和作品。直接让人体验到这些布料还能把你对这些布料的认知传达给看的人。

最后为你的作品集文件夹选购一根肩背带。它可以帮助你节省力气，减轻压力，这比直接拿着一个文件夹要轻松。空乘们和旅客们常用的手提行李箱是另一种选择。

下面这些展示都是一些具有代表性的作品集文件夹，适合时尚设计展示用，并详细展示了每一种文件夹的特点。

作品集 / 展示文件夹

拉链展示文件夹（无活页夹）

优点 可以和单独的活页夹组合在一起。

选择 可伸缩或装有固定把手，可安装肩背带；可以使用铜拉链或者尼龙拉链；外面或里面有口袋；外观的识别度高；材料包括塑料、帆布、尼龙或者定制化（比如：皮革、山羊皮、软木质、天鹅绒）。

带把手和肩带的拉链展示文件夹。（无活页文件夹）

单独活页夹

优点 可以和单独的文件夹组合在一起；可以放入不止一个作品集。

缺点 组件可能不配套。

选择 黄铜或尼龙的多环构造；芝加哥螺丝固定，这种装订方式厚度可达0.5至3英寸；可按压放取活页的文件夹；有外置或内置的口袋；活页可选用不同材质和硬度的塑料页，也可以选多孔的或者内页边缘固定的，可以选择页面固定在一端或固定在三端的，还可以选择糙面或光面的。

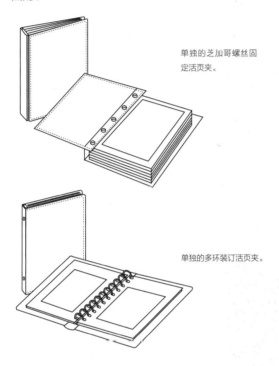

单独的芝加哥螺丝固定活页夹。

单独的多环装订活页夹。

拉链展示文件夹（含装订部件在内）

优点 经济实惠，重量较轻。

缺点 内置文件夹的类型选择有限制。

选择 可伸缩的或固定的把手，可装卸的肩带；黄铜或尼龙的拉链；外置或内置的口袋；可以选择外观；可选塑料、帆布或尼龙的材质，还可以选择个性化定制材质（比如，皮革、山羊皮、软木或天鹅绒等）。

带有固定把手的拉链展示文件夹。（含装订部件在内）

含可拆卸活页文件夹的拉链展示文件夹

优点 可以单独放置作品集。可以买替换作品集本子。

选择 可伸缩的或固定的把手，可装卸的肩带；黄铜或尼龙的拉链；外置或内置的口袋；外观选择；可选塑料、帆布或尼龙的材质，还可以选择个性化定制材质（比如，皮革、山羊皮、软木或天鹅绒等）。

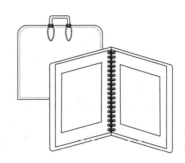

含可拆卸活页文件夹的拉链展示文件夹。

画架式展示文件夹

优点 在展示过程中可以支架在桌面上，无须手持。

缺点 活页文件夹类型选择有限。

选择 可伸缩的或固定的把手，可装卸的肩带；黄铜或尼龙的拉链；外置或内置的口袋；外观选择；可选塑料、帆布或尼龙的材质，还可以选择个性化定制材质（比如，皮革、山羊皮、软木或天鹅绒等）；画板式（横版的）或肖像式（竖版的）方向选择；可选择多孔且有芝加哥螺丝的，或者边缘固定的装订方式可选择；活页可选用不同材质和硬度的塑料页，也可以选多孔的或者内页边缘固定的，可以选择页面固定在一端或固定在三端的，还可以选择糙面或光面的。

画架式展示文件夹。

个性化定制作品集

优点 可以用任意材质做成任意大小。

缺点 价格昂贵。

选择 没有任何限制条件。

个性化定制作品集。

C-10-98

high shade wool
coat

DEPINE STUDIO
105 West 40st

设计速写
时尚的历史

一份完美的作品集是一个时代的产物。正如时尚界没有单一的、永不过时的完美作品一样，也没有任何一种形式的作品集可以成为永恒的标准。对历史的了解可以让设计师有更好的视角，同时那也是一种灵感的来源。

为了应对当下工作的挑战，设计师的作品集应该要展现出不同的技巧，以及自己对不同技术和技能的了解。在过去，设计师的工作相对更独立、更特别。但今天，设计师既要表现出有创意的一面，也要表现出技术精湛的一面，以此来展现出自己更具有竞争力的形象。因为设计师的工作包含了很多不同方面的挑战，这些能力需要在作品集中明显地被表现出来。

了解时尚速写的历史可以增加你对于不同速写风格和剪裁的感知，比如比例、选用技巧和材料的使用等，都明确地表现出了时尚设计不断变化的同时，也带来了再造创新的一面。看那些过去的作品案例会帮助你理清什么是和当下相关的，还能让你学会如何让它们为己用。

在"设计师"这个概念出现以前，裁缝们就对公众们提出了关于时尚的概念。有时候，他们会用速写来展现一个概念，这通常不是一种时尚的艺术作品，但却成了时尚的灵感来源。玛丽·安托尼特（Marie Antoinette）的裁缝罗斯·柏丁（Rose Bertin）就是一个很好的例子。她在宫廷画家瓦图（Watteau）、弗拉戈纳德（Fragonard）和伯彻（Boucher）的帮助下，重新设计了女王的形象。他们所创造的女性穿着优雅丝绸长裙的形象就是当时时尚的展示案例。

19世纪的最后那25年里，查尔斯·弗拉德里克·沃斯（Charles Frederick Worth）——"高级定制之父"——也会为他的有钱客户们根据当时的艺术来定制服装。有的客户可能会委托他根据维拉斯克兹·安凡塔（Velasquez Enfanta）风格做裙子，还有的客户可能会喜欢瓦图画中的法国宫廷女子风格的装饰和花蕾等。有一天，沃斯给了他妻子一份他为德玛特尼科（De Metternich）公主设计的速写手稿，公主是澳大利亚驻法

国大使的夫人，也是尤金妮（Eugenie）皇后的好朋友。公主被他的设计迷住了，并订了两件裙子。当公主穿着长裙去宫廷的时候，裙子吸引了皇后的注意，从此皇后也和其他人一样成了他的忠实客户。从那时起，查尔斯·弗拉德里克·沃斯成为一名宫廷设计师，并为欧洲的皇室制作服装。

时尚设计手稿是设计师们传达想法的一种工具。它在协助生产制作流程的同时，也能很好地记录下最初的设想。那些在工作室里的员工，包括印花制作和打褶制作的裁缝，都需要在制作的过程中借助设计手稿来紧跟设计师的想法。在整个流程线完成以后，手稿会被作为一个特别的时代印记留下来，那些数字、标记和信息都会成为重要的认证。这项程序从20世纪早期就已经开始了。

自从时尚设计室开始风靡以后，首先是在欧洲，然后是美洲，速写手稿变成了设计流程的一个基础部分。在世纪之交，在巴黎和意大利的高级定制设计室里，设计师们开始更常用手稿来表达自己的想法，或者是请时尚插画师来帮忙，比如乔治·拉帕佩（Georges Lepape）、保罗·伊里巴（Paul Iribe），或者艾尔特（Erte）——他本人就是一位优秀设计师。为了更好地帮助制作流程，设计手稿经常会展示给客人们，以此来吸引他们购买额外的产品或者时尚必备品。

设计手稿是一个时代的投影。它既是经济的晴雨表，也是社会道德的测量仪，比如说裙子的长度就能反映出社会当下的道德标准。从服装的剪裁和细节，我们就能看出当下是昌盛抑或艰苦，是繁荣或萧条。设计手稿可以预示社会的变迁，也能证明时下的热点，甚至能告知我们国内外的大事件。设计手稿包含了我们身边的一切。但最重要的是，它是一件创意工具，可以让设计师去表达个人周围的环境和经验。

每一个10年都有着它独特的面孔。剪裁和设计比例是在人身上反映出服装态度的重要元素。不以人身体为基准的设计往往给人一种建筑的感觉；那些以人体为本的设计就会有感官的流动质感。巴黎世家（Balenciaga）、

迪奥（Dior）和哈尔森（Halson），20世纪的设计大师们，都知道有没有这样的基础会影响到服装的表现。一般而言，我们的身体会很自然地去适应身上的衣服。于是这也成了设计师审视自己设计的一种哲学观，在服装中融入穿衣者的独特个人风格。

本章所包含的设计手稿展现了从20世纪初至今的风格和技巧。设计手稿不仅代表了每一个出众的设计师或者他们那个10年的剪裁，更重要的是通过那些造型和作品表现出了时代的特征。整体的风格和时代的感觉，服装和人物的比例，以及技巧和材料的运用等，这些突出的亮点都被用于创造设计手稿。当你从一个10年看到另一个10年的时候，可以从下面这些要点来观察和比较它们之间的不同点：

- 服装剪裁：是否突出强调身体的某一个特定部分？
- 人物比例是自然的还是修长的？
- 服装的合适度：是否利用基本功来创造这个体型？服装是否很合体，或者说它不以人身体为基准？
- 设计师手稿的风格：它是画得比较现实，还是更加风格化？在画图和动作上是否有夸张之处？
- 设计师用了何种技巧与材料？它们传达出怎样的感觉和影响？

了解到这些不同之处后，你会更清楚自己的偏好，以及更多不同绘画风格的可能性。通过试验设计元素、比例和技巧，你会找到属于自己的独特成果，最终将给你自己的设计概念带来重要的影响。了解到过去的设计和速写风格，会帮助你发展自己的道路。正如按照某一个时代的严格要求来穿着会让人感觉很不协调一样，手稿风格也需要根据其所在的时期和时尚元素来反映出设计师的时尚观点。

这章内容中包含的设计手稿是来自纽约时装学院特别收藏图书馆，以及大都会艺术博物馆的艾林·路易森（Irene Lewisohn）时装资料图书馆。这些收藏品对于学生和专业设计师而言，都是优秀的设计资源，包含了大量极具影响力的服装、配饰和纺织品案例。如果做设计研究，推荐将它们作为参考。

2.1 1900：变革的世纪

随着女性开始融入当时还是以男性为主的工作场所后，她们希望穿着剪裁更合身和更实用的衣服上班。线条流畅的漏斗型细腰剪裁和羊角型袖子元素的应用，使得衣服肩部更为突出。虽然层叠型裙子取代了衬布和裙撑的设计，但是紧身胸衣还是保留了下来。较于日间同伴的打扮，夜间出行的"吉布森少女"则在头顶上扎着髻，显得更注重细节。19世纪中旬，缝纫机和苯胺染料的发明，对吉布森少女着装有了不少帮助。美国插画师查尔斯·达纳·吉布森（Charles Dana Gibson）在《斯克里布纳》（Scribner's）、《时尚芭莎》（Harper's）、《世纪》（Century）等杂志发表的作品使得"吉布森少女"风格流行起来。他用自己的妻子做模特，查尔斯创作了他心目中理想的穿着衫裙的美国女孩形象（如图2.1a）。吉布森少女风格成了19世纪末20世纪初的时尚。

图2.1a
用他自己的妻子做模特，插画师查尔斯·达纳·吉布森，1867~1944）在《斯克里布纳》，《时尚芭莎》和《世纪》等杂志发表的作品使得衫裙流行起来。
图片版权归WWD/Coné Nast出版社所有。

图2.1b和c

在19世纪末，不同于美国女性倾向于穿得更实用，欧洲的女性依然喜欢她们国内的更具女人味的服装风格。直到20世纪前25年，欧洲女性才和美国女性一样，开始加入工作场所。而在此之前，白天的舞会服装和傍晚时的做了许些变化的午茶袍一直是她们的着装选择。

图片来自 Le Guilde des Couturiers，FIT收藏。

风格和技术

　　和今天受追捧的大长腿风格相比，变革世纪的设计画稿展现的是相对矮小的身材比例。躯干和腿部几乎同样的长度，呈现的是8头身比例，而不是目前标准的10头身比例。漏斗型剪裁凸显出丰满的胸部，细小的腰身以及圆润的臀部。通常夸张化的羊角形袖子，使得肩部更为突出。不管是裁缝定制服装还是奢侈礼服，这个时代的服装剪裁都是一样的。

　　这个时期流行的技术是铅笔淡彩，或者尖头钢笔水彩（图2.1b和c）。图稿要用水彩颜料来着色，而轮廓线则用铅笔或者尖头钢笔来勾勒。这些技术有助于更好地突出服装结构中的细节。图纸体现的简洁性和实用性，让衣服成为焦点，而画像的姿势并不那么重要。

2.2 1914：第一次世界大战前夕

　　随着20世纪的到来，服装的剪裁变得没那么讲究结构。新的设计工作室开始涌现，旨在争取富人客户，这些客户追求的是奢华且做工精细的服饰。通过炫耀特权和对质量的崇尚，这些设计成了富人对工业革命机械化的报复工具。佛图尼（Fortuny's）的午茶袍，蕾丝内衣，卡洛特索尔斯（Callot Soeurs）的镶边细节，帕奎恩（Paquin，图2.2a）、杜塞特（Doucet）、帕图（Patou）、露西儿（Lucile）的梦幻礼服，每一件都提供了独特的时尚视角。时尚的女士开始摒弃紧身胸衣，换上了被大家所熟知的文胸。文胸是由有"设计苏丹"之称的保罗·波列特（Paul Poiret）普及开来的。受到帝国和督政府（图2.2b）风格的影响，腰线的概念被弱化，

图2.2a
这个帝国风格的外套裙子加上有特色的嵌布，是帕奎恩设计的一种再现。
图片来自伯利工作室（Berley Studios），纽约时装学院特别收藏。

图2.2b
1912后，受到帝国和督政府风格的影响，时尚焦点放在自然腰线以上的部位。
图片来自沃斯时装屋（House of Worth），纽约时装学院特别收藏。

东方民族特征对服饰剪裁和布料都有启发。时尚焦点放在自然腰线以上的部位，裙子线条也更流畅自然，并且露出部分小腿。

风格和技术

到1914年，由于19世纪保罗·波列特的衬衣重新流行起来，时尚焦点放在自然腰线以上的部位。时尚细节更强调女性的胸部，从而打造出裙子和腿部被拉长的视角感。历史上这个时期的服装细节融合了新的东方色彩。超现实主义者和立体派艺术家，如考克多（Cocteau），毕加索（Picasso）和马蒂斯（Matisse）、对服装设计及其艺术有着非常重要的影响。这个时期的画稿注重风格特色而不是现实性，从艾尔特，乔治·拉帕佩，和保罗·伊里巴的作品都可以窥见一斑。

这10年间的设计画稿更具艺术性。水彩，蛋彩和广告色彩着色，尖头钢笔勾勒轮廓的画法流行最广，在描绘细节和布料的时候被频繁使用。设计师使用水彩纸或轻质板，防止这些水性颜料使得纸张变形。这些画稿，或者正如被大家称作的时尚板，通常会从几个角度去展示服装重要的细节（如图2.2c）。

图2.2c
这个时期的时尚"板"，从几个角度去描绘服装，从而显示出重要的细节。
图片来自沃斯时装屋（House of Worth），纽约时装学院特别收藏。

2.3　20世纪20年代：夫拉帕

1920年，妇女参政运动让女性获得了选举权。受此鼓舞，服装剪裁和模特姿势也发生了戏剧性的变化。女装进一步男性化，拉高的裙摆可以露出穿着长筒丝袜的腿部，再配上长串珍珠项链装饰。头发绑起来，加上刘海，有时戴上头箍或者帽子盖住眉毛。裙子的改变则是着重使用褶，嵌接和流苏。到1925年，复杂精细的缀珠使得服饰闪耀夺目。夫拉帕（Flapper）跳着查尔斯顿（Charleston）和黑底（Black Bottom）的舞步，摇曳生辉。这种姿势宣告着女性新获得的自由与平等。

风格和技术

20年代男性化的女装，女性胸部被压平，腰线的位置被下移到臀围线。再一次，时尚方向发生了改变，重点从胸部被移到臀部。新的夫拉帕轮廓，大部分都是平直且不规则的。女性开始束胸，并穿上了和连衣裙版型相同的衬裙。日本和服对服饰剪裁和细节，尤其是袖子，都起到了重要的风格影响。画稿中的姿势也经常体现出东方色彩。花边、流苏和缀珠经常被用作饰品，晃动起来丰富了这个时期的舞蹈。画稿的风格倾向于强调几何元素和装饰派艺术的独特图案。

水彩、蛋彩画、广告色画技术依然流行，设计师使用精细钢笔或铅笔去描绘细节（图2.3左）。

这个时代也引入了用铅笔在牛皮纸上作画手法，这种牛皮纸是半透明的，有着光滑涂层。在牛皮纸上的高质量铅笔画稿能很好地体现设计师的制图才能和服装细节（图2.3右）。

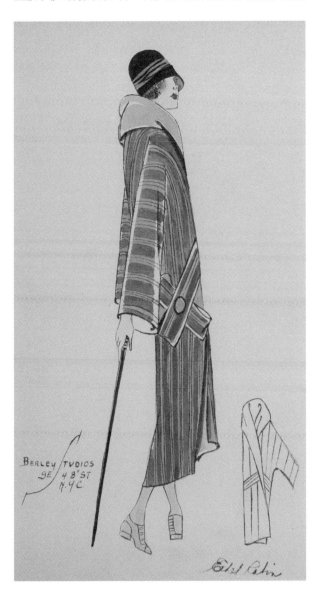

图2.3

19世纪20年代，当美国女性获得投票权，角色的急剧改变带来了男性化女装，这种女装将女性胸部压平，腰线的位置下移到臀围线。花边，流苏和缀珠经常被用作饰品，晃动起来丰富了这个时期的舞蹈。

图片来自伯利工作室，纽约时装学院特别收藏。

2.4 20世纪30年代：大萧条时期

奢侈的远洋航行，蒸汽机舱内满满都是迷人的晚礼服，每天晚上一套的变换频率，便是20世纪30年代的缩影。至少对经历了1929年股市大崩盘后资产保持不变的人来说，生活就是这样的。当时最受追捧的是由玛德琳·维奥内特（Madeleine Vionnet）或者格蕾夫人（Madame Alix Grés）设计的流动斜状晚礼服，材料是双绉和真丝，配有褶皱吊带紧身胸衣。胸线柔和地下垂，臀骨突出，背部露出。这时的剪裁流行的是合身的喇叭形。波浪卷发，暗黑唇色，性感的黑色眼影，给人一种鬼魅神秘的感觉。有事业成就的女性被视为偶像，如珍·哈露（Jean Harlow），温莎公爵夫人（the Duchess of Windsor）和伊尔莎·斯奇培尔莉（Elsa Schiaparelli）。

风格和技术

1929年的股市大崩盘以及紧接而来的大萧条，让女性在生活中渴求一些亮色。裙边加长，再次凸显出女性身材。身材。葛丽泰·嘉宝（Greta Garbo），玛琳·黛丽（Marlene Dietrich）和卡罗尔·隆巴德（Carole Lombard）穿着不规则剪裁的礼服出现在大银幕。衣服像瀑布一样顺着身体垂下，直至不规则纸巾式裙摆。和之前相比，30年代的画稿更倾向于生活化的表达。不规则布料的合体和迷人总是在慵懒的人们身上显得尤为夸张。裸露的背部，飘逸的袖子，花朵的图案都可以在梅因布彻（Mainbocher）的画稿里看得到的经典元素（图2.4a）。

这时设计师依然使用水彩画和广告画画法。30年代的素描因为采用了毛刷画轮廓和水彩而有种柔和的感觉。多样化且对比鲜明的轮廓线让衣服更加合体、迷人且不规则。穆里尔金（Muriel King）的晚礼服就是水彩上色和铅笔描绘轮廓线的例子。（图2.4b）

不用水彩，单用毛刷和墨水是另一种可以获得同样视觉效果的手法。从维奥内（Vionnet）的设计手稿中的垂感褶裥裙子可以看出，简单的黑白色就勾勒出衣服的质感（图2.4c）。这个衣服的三个角度都强调了垂感这个细节，但每一个角度又给人不一样的感觉，这便是不规则垂感礼服的共通点。

图2.4b
在穆里尔金的画纸里可以看出30年代不规则飘逸礼服强调了柔和的垂感胸线、翘起的臀部和裸露的背部。
图片来自穆里尔金，1938，纽约时装学院特别收藏。

图2.4a
从梅因布彻的画纸可以看出花朵图案是30年代礼服的特点。
图片来自伯利工作室，纽约时装学院特别收藏。

图2.4c
这组草图显示了裙摆的细节。
图片玛德琳定制，大都会博物馆艺术收藏室。

图2.5a
40年代，帽子底下露出的卷刘海和夸张的肩部设计让这种匀称的衣服剪裁更出众。短大衣作为一种经济型的短外套，是应对战争时期布料短缺的一种方法。
图片来自伯利工作室，纽约时装学院特别收藏。

图2.5b
这身衣服突出了裁缝细节和内扣特色，在40年代由艾德里安和斯基亚帕雷利（Schiaparelli）推广流行开来。
图片来自伯利工作室，纽约时装学院特别收藏。

图2.5c
这个时期紧身胸衣上部通常配有扣子，成为整个设计的焦点。
图片来自波道夫·古德曼高级定制部门，大都会博物馆艺术收藏室。

2.5 20世纪40年代：
第二次世界大战

　　由于战争的原因，国内生产停止了，另外从欧洲而来的进口也被切断，美国设计师团结起来以满足国人的服装需求。克莱尔·麦卡德尔（Claire McCardell）发明了一种更为轻松的着装，开创了运动装的概念。新的合成材料如人造纤维和尼龙的诞生，补充了自然布料，被用于军事后导致的物资短缺。帽子底下露出的卷刘海，夸张化的肩部设计，紧收的腰线，配上柔软垂感的及膝裙子（图2.5a）。要想达到整体效果还需再穿上脚踝绑带松糕鞋。艾德里安（Adrian）和斯基亚帕雷利（Schiaparelli）外套运动内扣，开关扣子以及其他裁缝细节和爵士大乐队一道风靡一时。（图2.5b）在1947年，随着迪奥"新风

貌"的诞生，裁剪风格再一次发生变化。肩线变得柔和，紧身胸衣和裙子又加上了支撑和裙衬。

风格和技术

　　夸张的肩线和上身细节是20世纪40年代的外观特征和设计的焦点（图2.5c）。相比之下，腰围看起来很小，斜线平滑，裙子松。血红线通常短于前十年。理想的图形比例是自然而非特别拉长，重点在于肩宽。绘画风格倾向于现实主义。

　　在表现准确的布料、颜色和细节时，水彩和广告画画法依然受推崇。阴影使得褶裥和衣服的合体展示得很自然。铅笔勾勒的细节和背部特点经常成为时尚的元素。面料样品也是展示的一部分。即使是时装展览，设计师们也倾向在个人的画板上进行设计，而不是团队共同设计。

2.6　20世纪50年代：型的变革

与迪奥的"新风貌"同期，查尔斯·詹姆斯（Charles James）继续致力于为美国人设计漂亮的衣服（图2.6a）。仿男式女衬衫、羊毛衫、珍珠和紧身连衣裙便是那个时候白天受欢迎的着装。但无肩带的礼服，显出身材凹凸有致的紧身上衣，是人们参加节日盛宴的选择。长长的薄纱以及裙衬组成的大大的裙子，非常适合穿着参加毕业舞会和成人礼舞会。戴上头巾，头发自然盘起来，抹上红唇，描上眉毛，便是那个时候人们心中的美人形象，如伊丽莎白·泰勒（Elizabeth Taylor）（图2.6e）。直到50年代末，对于剪裁的热衷达到尾声。合体到凸显身材的剪裁不再流行。巴黎世家引入无腰身宽松女服，又叫作H型上衣，配上宽大的泡泡裙。伊夫圣罗兰（Yves Saint Laurent）使得梯形宽松礼服和A型/帐篷型剪裁受大众欢迎。衣服彰显出自己的形状，大多数时候都把真实的身材情况掩盖起来了。

风格和技术

50年代理想化的时尚强调细腰，"风流寡妇"（一种女子束身胸衣）和弹性腰带常常不分家。纤细的腰线，以及蓬松的裙子，使得原本圆润的臀部更夸张（图2.6c-d）。带圆圈的裙撑更是创造出一种圆顶的剪裁效果。裙子长到小腿或膝盖处，使得身材保持八分之一头比例。这个时代有名的模特如苏茜·帕克（Suzy Parker）和朵薇玛（Dovima），出现时形象总是笔尖型的。淑女姿势和富有魅力的手势是设计师画稿中的经典。

设计师和插画师基本上还是使用水彩画和广告画画法作画。同时，墨水和水彩颜料也被使用着。永不过时的铅笔依然是最快能勾勒出设计理念的工具。这些都被频繁地用在设计师的日志和画册中。查尔斯·詹姆斯的铅笔画稿便是作品画稿的一个很好的例子（图2.6a）。在这张图纸里，从笔记中可以明显找到他思考的过程，可以看出设计师表达了他自己对于剪裁和结构的概念。

相反，波道夫·古德曼（Bergdorf Goodman）的设计图稿则便使用了广告画画法来体现布料的细节（图2.6b-e）。这些图稿展现了50年代经典的神情和姿势。细腰和伞裙便构成了整体形象。那个时代的女演员如伊丽莎白·泰勒，格蕾丝·凯丽（Grace Kelly），珍妮弗·琼斯（Jennifer Jones），还有拉娜·特纳（Lana Turner）经常出现在这些画稿中。

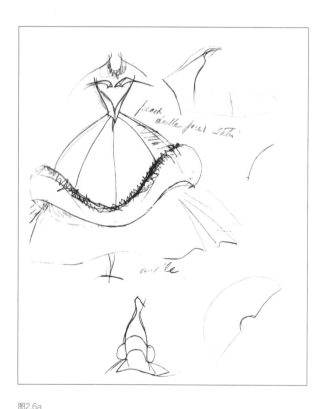

图2.6a

这个由美国设计师查尔斯·詹姆斯完成的设计图稿展现了50年代服饰的结构特点。

图片来自查尔斯·詹姆斯，1952年秋天，大都会博物馆艺术收藏室，由C.V.惠特尼（Whitney）捐赠。

图2.6b-e

20世纪50年代的时尚比例为一个小的腰带和夸张的礼帽裙。

图片来自Bergdorf Goodman，FIT特别收藏。

2.7 20世纪60年代：时尚革命

受肯尼迪政府、披头士、东方哲学/尼赫鲁（Nehru）（图2.7a）、太空探索（图2.7c）以及文化多样性影响（图2.7d），折中主义成为这个时代的特点。早期的时候，杰奎琳·肯尼迪（Jackie Kennedy）穿上由奥列格·卡西尼（Oleg Cassini）为她量身设计的不规则卷边有领西装，再戴上药盒型的帽子的形象，在全国上下风靡一时。纪梵希（Givenchy），华伦天奴（Valentino），诺雷尔（Norell）继续走淑女装路线。到60年代中期，在活出真我的新自由风潮影响下，时尚革命升级，短裙占领了时尚界，"现代装"的创作者，伦敦的玛莉官引领了这一风潮，追随者包括巴黎的安德烈·库雷（André Courreges），帕科·拉巴纳（Paco Rabanne）和皮尔·卡丹（Pieere Cardin），美国的简雷齐（Gernreich）。几何剪裁的服饰，搭配沙宣的等齐发型和戈戈舞鞋，感觉就可以上月球漫步了。

风格和技术

由于裙子的大幅度缩短，腿部成了60年代时尚的焦点。青年运动孕育出来的"小女孩造型"让步给了露腿装。增加的刘海，假发配件以及几何裁剪，使得头看起来更大（图2.7d）。袖圈、高腰线、平臀线、满满的都是小孩子风。名人被称为简·霍尔兹（Jane Holtzer）宝贝。那时，桑尼和雪儿（Sonny 和Cher）唱着歌曲"I Got You Babe"（你是我的宝贝）。衣服的形状是几何对称的。布料是僵硬地按着身体剪裁的。（图2.7c）双层羊毛和双面针织配上西装缝定义了衣服的结构和细节。设计画稿变得不那么传统，更有风格，更强调人特性和年轻。邦妮·卡辛（Bonnie Cashin）的这幅画稿反映了这个时代的丰富和力量，和复杂的小孩子风格。

60年代引进的毡头记号笔被视作新的快速描绘媒介。迷恋于这种笔的快速变干性能，设计师们很快就将其用于绘画。如今被广泛应用的笔的前身就是魔术单头尖笔和风美（Flo-master）钢笔。这种当时的新工具，让设计师不再需要把笔尖或刷子蘸上墨水，就可以画出流畅的线条。这里的例子显示出技术的自发性。当时的设计师可以用更少的时间创作出更多的画作。

图2.7a

这件邦妮·卡辛的外套，加上摩洛哥装饰，反映了60年代美国人对中东风情的迷恋。
图片来自邦妮·卡辛1966-1969，伯利工作室纽约时装学院特别收藏。

图2.7b

60年代也表达了对原住民文化的兴趣，设计师开始使用流苏仿麂皮和皮革。
图片来自Bonnie Cashin 1966-1969，FIT特别收藏。

图2.7c

60年代晚期全国人民对于太空探索的热情影响了时尚，图中强调了简洁的线条和几何塑形。
图片来自Bonnie Cashin 1966-1969，FIT特别收藏。

图2.7d

这个素描是头发和衣服受几何影响的一个很好的例子，服装领口和剪影灵感来自日本Noh剧院的服装。
图片来自Bonnie Cashin 1966-1969，FIT特别收藏。

2.8 20世纪70年代：长度选择

60年代末的折中主义让步给更复杂的形象，时尚的"文化"革命在继续。迷你裙首先变成了中长裙（图2.8a），接着是超长裙。人们可以更自由更有创造地选择衣服，这是过去几个时代都渴望的。毕竟过去都是设计师决定裙摆的长度，而大众只能跟随。层层布料继续加强运动装的概念，例如伊夫圣罗兰的富有奢侈农民装。模特留着蓬松的长发，戴着民族特色的首饰，穿着靴子，便完成了整体造型。美国设计师如奥斯卡·德·拉伦塔（Oscar de la Renta），比尔·布拉斯（Bill Blass），哲非班利（Geoffrey Beene），霍斯顿（Halston）成为了世界范围内的时尚圈子重要的竞争者。

由于多层设计和厚重发型的流行，拉长身体比例显得很有必要。只有高挑的身材比例才能更好地驾驭多层设计，更长的衣服和靴子（图2.8a）。农民或吉普赛人的穿着让人感觉经历了从富有奢侈到嬉皮士式街头嘉年华会特价店。焦点不止一个，设计比例由于不同的长度选择而被打破而发生变化。当不知如何选择裙子长度的时候，裤子就成了答案（图2.8b）。设计画稿风格是大胆和充满戏剧性的，强调了颜色和花纹的丰富组合。这些格洛里娅（Gloria Sachs）的设计图稿说明了美国设计师市场所追逐的民族风。

风格和技术

尽管水彩和广告画技术依然盛行，魔术笔成了新的流行填色媒介。但是，很多设计师会不拘一格地混用这些不同画法，经常分层使用多种媒介以达到自己想要的效果。不停实验的过程让设计师成就了自己的风格。对传统方法的打破，让个人主义和多种风格得以出现。

图2.8a

70年代的奢侈农民风格，最初是由伊夫圣罗兰推广开来的，主要特点是多层设计，中长裙和大披巾。

图片来自比尔·兰茨特利（Bill Rancitelli）给格洛里娅的设计，纽约时装学院特别收藏。

图2.8b

当不知道该选择迷你裙，中长裙还是超长裙时，很多女性会放弃裙子转而穿裤子或裙裤。

图片来自Bill Rancitelli为Gloria Sachs的设计，FIT特别收藏。

图2.9a
这件鲍勃·麦基的晚礼服表达出了一种充盈丰富感，与80年代息息相关。
图片来自鲍勃·麦基,仙童出版社。

图2.9b
电视节目如《王朝》鼓舞了很多女性穿上光彩夺目的"权力套装"，琼·柯琳斯的CEO形象就是一个典型的例子。
图片来自乔纳森·希区柯克,琳达·泰恩私人收藏。

图2.9c
这个设计手稿强调垫肩和有活力的剪裁，在80年代非常流行。
图片来自安娜·克莱恩（Anne Klein），纽约时装学院特别收藏。

2.9 20世纪80年代：权力套装

70年代柔和流动的装扮在20世纪80年代初期依然盛行。派瑞·艾力斯（Perry Ellis）继续超长裙的设计，另外配上裁切不正有泡泡袖的毛衣。日本成了一个很重要的设计来源。来自CDG（Commes de Garcon）的三宅一生（Issey Miyake）和川久保玲（Rei Kowakubo）尝试在衣服设计中采用建筑学的方法。他们通常将布料中的古日本传统和技术与西方概念融合起来。东西方设计理念第一次融为一体并得到国际范围内的认可。在伦敦诞生的朋克时尚鼓舞了很多设计师，如桑德拉·罗德斯（Zandra Rhodes）。彩虹色头发，带链条的别针和短装上衣是这时流行的装扮，由性手枪乐队（Sex Pistols），乔治男孩（Boy George）还有其他的摇滚明星推广开来。让·保罗·高提耶（Jean Paul Gaultier），克洛德·蒙塔那（Claude Montana），高田贤三（Kenzo Takada）和阿瑟丁·阿拉亚（Azadine Alaia）引领巴黎时尚。卡尔文·克雷恩（Calvin Klein），拉尔夫·劳伦（Ralph Lauren），诺玛·卡玛丽（Norma Kamali）和唐娜·凯伦（Donna Karan）主导美国设计。垫肩上衣和短裙是这个时代的着装。奢华和充满戏剧性的风格占上风，可以从鲍勃·麦基（Bob Mackie）的这件晚礼服中看得出来（图2.9a）。时尚从卧室中的柔和女性风转到干练风。米兰的乔治·阿玛尼（Giorgio Armani）开创了新的柔和合身设计，有技巧地将男性的风格运用到女性着装。

80年代裙摆的选择继续影响设计比例和个人特征。着装从柔和到硬朗，精致到破烂（如短牛仔裤）。经济景气，奢华的衣服都反映出这个时代的繁华多彩。电视节目如《王朝》（Dynasty），《鹰冠庄园》（Falcon Crest）以及《洛城法网》（L.A.Law）中的女主角穿着"权力套装"和住着超级梦幻的生活，这些对美国人来说是很具吸引力的。乔纳森·希区柯克（Jonathan Hitchcock）的这份设计手稿反映的就是琼·柯琳斯（Joan Collins）CEO的形象（图2.9b）。

风格和技术

因为书写最迅速和最流畅，记号笔和彩色铅笔在设计师中很受欢迎。乔纳森·希区柯克的这份铅笔画稿，几乎达到建筑级别，描绘出了布料和细节（图2.9b）。大多数的设计师对电脑技术还不熟悉，又或是他们没有预见到作为设计师，这将给他们日常生活带来的了不起的好处。图2.9c的画稿展现了80年颇为流行的垫肩和有活力的剪裁。尽管这个衣服是通过一个模特展示出来的，但看起来还是平面的。上色干净，简单，人们的注意力就会放到衣服上。

2.10 20世纪90年代：复古重现

90年代穿着又开始变得柔和，因为这时女性更自信并取得了成就。已经证明了自己，更有女性魅力的衣服重新露面。由乔治·阿玛尼，卡尔文·克莱恩，维克多·阿尔法罗（Victor Alfaro）引进的无袖吊带裙成了经典。拉尔夫·劳伦和唐娜·凯伦，为DKNY公司将运动场上的运动服设计理念运用于日常设计中。裙摆不再是问题，按60年代的概念，人们按自己意愿来穿衣。因为人们把注意力转移到其他生活风格去了，客户渴望一些与之前的年代相关联的时尚方向。当接近21世纪时，设计师回过头去看之前的几个年代，去了解我们服装的发展历史。系列衣服都充满了20年代到70年代的影子。卡尔·拉格菲尔德（Karl Lagefeld），克里斯汀·拉克鲁瓦（Christian Lacroix），奇安弗兰科·费雷（Gianfranco Ferre），范思哲（Gianni Versace）和约翰·加利亚诺（John Galliano）继续保持使用欧洲文化元素。年轻的设计师如拜伦拉斯（Byron Lars），维克多阿尔法罗，安娜苏（Anna Sui）和古驰（Gucci）的汤姆·福特（Tom Ford）在寻找一种全新的设计解读，一种既承认过去的价值，又符合当下的感知的解读。

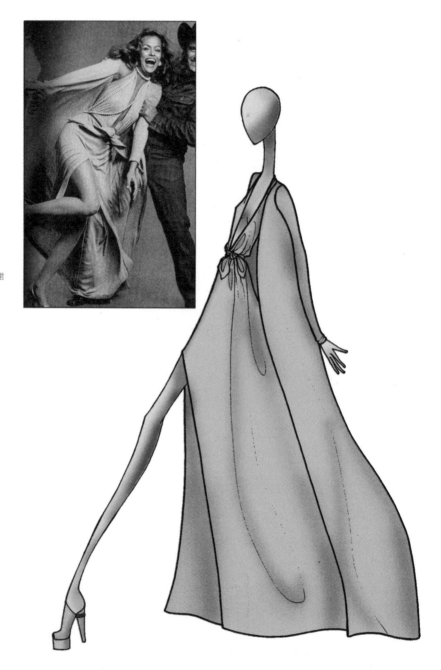

图2.10a
来自霍斯顿的传承系列中的一件裙子的设计画稿，劳伦·胡顿（Lauren Hutton）穿着长长的桃子色裙子，附上她穿着原裙子的照片。
图片版权归WWWD/Condé Nast出版社所有。

图2.10b

由迈克·科尔斯给萨克斯和施华洛世奇节日创作的一款戏剧性的衣裤套装。

图片版权归WWWD/Condé Nast出版社所有。

图2.10c

来自罗伯特·罗德里格兹 2010 秋季系列的设计图稿。

风格和技术

  大部分90年代的设计体现了长和短的混合，分层和零碎的混合。通过麦当娜（Madonna）的推广，内衣的重要性不言而喻，人们再一次将视线转到身体的线条。身躯——从腹部到肚脐眼——再次被发现和展示。白天穿着贴身内衣和飘逸的薄纱配上中性短靴，便能传达出折中的时尚信息。这是没有规则可寻的。只能靠个人自己去创造属于自己的风格并让其可行。

  90年代的设计画稿展示了多样性和个人特征。由于多种艺术风格的混合，作画风格和媒介变化多而且折中。媒体和技术帮助设计师表达和定位他/她的时尚形象。记号笔和剪裁的平面和图案被用在霍斯顿那体现出现代复杂性的画作（图2.10a）或迈克·科尔斯（Michael Kors）创作的戏剧性形象（图2.10b）中。但是罗伯特·罗德里格兹（Robert Rodriguez）系列画作无论是技术还是时尚信息都是简单且最小化的（图2.10c）。克里斯汀·拉克鲁瓦所使用的蜡笔画法，墨笔画法，水墨画画法有种微妙的、手工制作的质量感，像是高级定制一样的（图2.10d）。

图2.10d

克里斯汀·拉克鲁瓦的设计画稿。

图片版权归WWWD/Condé Nast出版社所有。

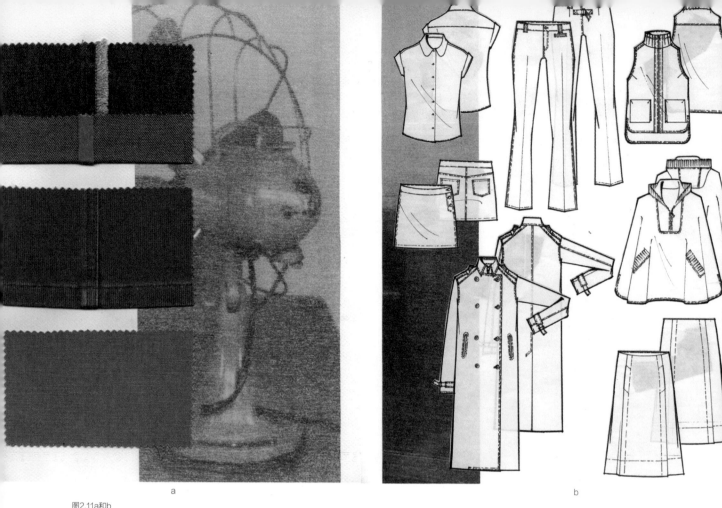

概念化的设计图稿，通常采用平面的形式，模拟了设计的发展过程。有感召力的照片、研究调查、布料样品和样品通常和这些图纸绑在一起。

妮可·本菲尔德（Nicole Benefield）设计展示。

2.11 21世纪：
个性化和折中主义

　　进入21世纪，时尚演化成了一种更个人的选择。时尚变成一种跨文化、跨时代的游戏，人们喜欢把各种类型衣服混搭，包括了昂贵的收藏品、跳蚤市场淘货、高档产品，还有新近涌现设计师马克·雅可布（Marc Jacobs），迈克·科尔斯，拉尔夫·鲁奇（Ralph Rucci）和公主娜娜（Nanette Lapor）的一些稀奇古怪的作品。新的设计师站在他们的前辈的肩膀上，形成了一个金字塔效应，每个设计师都致力于创造自己的风格和历史。

　　欧洲依然采用"智囊团"的形式，对时尚的概念和创立保持用实验室的方法。不断减少的服装店，加上伊夫圣罗兰和奥斯卡·德·拉伦塔的退休，欧洲的时尚和美国同步进入了一种经济的和生活化的转变。美国高端定制设计师哲非班利的退休，保琳（Pauline Trigere）和比尔·布拉斯的离世，标志一个时代的结束，也为新生代的设计师开启了一扇门。时尚历史新的篇章打开，客户占据了更大的市场份额。这个市场也受到其他因素的影响，如在婴儿潮出生的那批人已长大，成为了50多岁有着大量可支配收入的客户，不停成长的当代市场，对快速转向且价格亲民的时尚产品的巨大需求，以及运动、娱乐、个性和品牌领域高达数十亿的商业项目。

　　不断萎缩的设计师标签反映了银行收紧的经济状态。受2001年911恐怖袭击事件的影响，购买力转向了价格更为低廉产品。全球化产品使得设计师、生产、商人和销售之间的进一步沟通变得很有必要。

　　电脑技术的发展让信息能够快速地在各人之间实现共享。

c

d

图2.11c
接着，简化的设计图稿发展到有颜色，表明协调性和比例。这些图纸也可以以沙龙书的形式给到那些买下其设计系列的衣服店。
妮可·本菲尔德设计展示。

图2.11d
在模特上体现的设计画稿通常可以作为一个销售和展示整个设计系列协调性的工具。
妮可·本菲尔德设计展示。

风格和技术

随着焦点转向人规模市场和境外生产，设计师画图技能中的平面绘画变得很有必要。平面图，以及参数和规格，构成了传达设计师理念和完成最后的产品之间是至关重要的一个链条。概念上的图纸，经常以平面的形式出现，模拟了设计开发的经过。

有感召力的照片、研究调查、布料和样品通常和这些图纸附在一起（图2.11a）。然后，这些平面图纸（2.11b）会被用于在模特上描绘出成品，这一步通常由电脑技术完成，明确协调性和比例（图2.11c）。这些图纸也可以以沙龙书的形式送给那些买下其设计系列的商店。电脑制的平面图纸就会生成并用于生产和确切规格，以便准确制造每一件衣服。所有用于生产衣服的里外前后的信息和尺寸都会记录在规格表里。可以参考第7章平面图的深度研究和技术。

在模特上体现的设计画稿通常可以作为一个销售和展示整个设计系列协调性的工具（图2.11d）。通常来说，平面图纸面向的是低价格市场，而更好媒介和设计师倾向于通过模特来展示衣服。很多设计师喜欢在模特上展示，因为这样他们可以以一种更加个人化的方式对他们自己独特的风格和理念进行构思。

设计画稿在很多方面都是风格的一种宣告。它反映出那个时代的剪裁和设计比重，以及态度和感觉。它记录了身体姿势，发型，妆容还有配饰，这些加起来传现的才是整体的时尚风貌或信息。设计画稿使用的媒介也表现了科技的进步，这些媒介影响和丰富了风格。随着时尚产业的发展和进步，设计师使用这些工具表达自己的人生哲学、形象和个人风格，这些工具将一直流行下去。2000年及以后，风格、媒介和风貌的流传仍将是时尚作品集中重要的元素。

Color Story

Polo References

客户定位

定位是一件专业的作品集的标志。作品集在其客户和市场方面的设计品位应当从始至终一以贯之。这一工作难以一蹴而就，而是一个渐进过程，始于最初的冲动和对时尚的嗅觉。

一般来说，学生参加设计项目的动力来自为美丽的女性设计昂贵的服装这一梦想。毋庸置疑，这是一个绝佳的起点，但是为了获得成功，最重要的是通过掌握顾客对衣着的要求和他们的生活方式来了解他们愿意开销在服装上的费用。随着你的时尚知识越来越丰富，你将发现更多潜在市场和客户，以及可以涉足的设计领域。在设计作品集时考虑如何平衡这些内容将取决于你的优势领域。每个人都必须发现让他或她最为动心的领域，并在这一领域及其对应的价格范围内工作。你并不一定一直停留在你最初选择的领域。经验与命运将在指导你做出职业选择时发挥它们的作用。

3.1 专注于作品集

专注于特定市场和顾客群的重要性直接影响到你寻找工作机会的过程。每家服装公司都在其特有的那条服装线上建立了声望。这并不是说每家公司只能专注于一种产品。那些拥有分支公司和授权的公司一般提供多种商品。在参加任何一家公司的面试前，最重要的都是研究这一公司的产品范围、风格、材料和颜色类型以及定价范围。详尽的准备会深刻地影响你对每份作品集需要包含作品所作出的选择。随后我们将在本章讨论到具体的研究方法。

每个公司在筛选作品集时都希望看到与他们设计生产的服装属于同一类型的作品。这是这个行业内的一条准则。运动服装品牌一定不会对婚礼服装和晚礼服感兴趣，反之亦然。但是你若是在作品集中放入针织类服装则是可行的，因为一些运动服装公司不时会生产针织类服装。一般面试时的新手常犯的错误是在作品集中放入上学时每个

运动服装类型与市场

运动服/套装分类

· 职业

· 休闲/度假

· 少女

· 少年

针织品/毛衣

· 毛衣套装

· 套头毛衣

· 毛衣外套

· 宽松毛衣

· 提花类

· 网眼类

· 花式

· 嵌花

· 多维

卫衣/运动服

· 高尔夫/网球

· 健身房/有氧运动

· 滑雪/雪橇

· 泳装/沙滩裙

· 瑜伽/普拉提/禅修

· 溜冰

· 自行车/赛车/山地

外套/西装

· 礼服

· 休闲

· 雨衣

· 全套—夹克/半裙/裤子

日常穿着

· 连衣裙或两件式

· 裙子和夹克

· 晚礼服

· 俱乐部

· 毕业舞会/聚会

· 下班穿着/鸡尾酒会服

· 礼服

· 特殊场合服装

· 婚纱/妈妈的礼服/伴娘服

内衣

· 胸衣

· 日常：吊带背心/松紧裤/

衬裙/连体衣

家居服

· 休闲装

· 周末服装

· 家居服

睡衣

· 睡裙/睡衣

· 睡袍

· 睡衣套装

· 衬衫式睡衣

学期涉及的每一个领域的代表作。这一方法将导致作品集表达不清，定位不准。因此，充分依靠你在公司研究方面的前期准备所带来的优势，为面试方提供他们最感兴趣的领域的作品。

对于顾客，每个设计师都有他们独特的视角。最为出色的设计师在每期设计中都会保证融入这一视角，同时又可以每一季都为顾客奉上新的元素。例如，卡尔文·克莱恩的标志性特点在于纯净、简单和现代感。而哲非班利的独特之处是在设计中加入一些不固守传统的混合奢侈面料，同时贴合人体解剖线要求的元素。而美国运动服装品牌唐娜·凯伦的特点是在面料剪裁协调，在得体的设计中加入一种性感而复杂的风格。明亮的颜色和独树一帜的比例及纹饰的结合是克里斯汀·拉克鲁瓦让人难忘的签名。

那些保证顾客得到设计市场中他们所需要的样式的设计师总会受到每个顾客的追逐。这些市场在女装领域可以细分为以下几类。（童装、男装和时尚饰品的讨论将在随后它们所属的章节进行。）

3.2 "衣箱秀"：非公开时装展演

功成名就的设计师和设计公司对顾客群的研究是持续不断的。他们通过雇佣市场研究专家或者建立自己的市场部门对顾客进行调查，以此获得有效信息，例如顾客在风格、剪裁合身程度、质地、颜色以及价格方面的喜好。高销售额是这种调查之重要性的绝佳证明。

设计师们还会在每一季发布结束后举办非公开的时装展演，以此保持与其顾客的联系。这一灵感源自巴黎帕昆时装公司的帕昆夫人。1910年，帕昆夫人将她的设计放在横跨太平洋的船载扁平皮箱中，连同一打的人体模特运送到四个主要美国城市。不过直到第一次世界大战之后，这种"衣箱秀"才成为一种惯例。当时，许多设计师开始通过这一方法直接了解他们的顾客的需求，更重要的是，了解他们不喜欢的风格。

如今，设计师们奔波于国内各地参加衣箱秀。这样的活动一般都会在当地报纸上刊出广告，以此来为该设计师造势。顾客则会被邀请到门店来试穿刚刚发布的新设计，有时还会得到额外福利：设计师提供的个人指导。销售人员还会邀请那些老主顾参加他们的非正式试穿环节。

设计师利用这样的机会尽可能多地接触顾客，参与试穿，解答顾客对颜色、比例，还有个人适合服装建议方面的问题。相比那些说奉承话的人，这样的设计师会发掘和寻找足够诚实和直白的建议，从而卖出更多的服装。设计师们都会充分考虑保证每季的回头客所带来的长期效益。办一场成功的"衣箱秀"所需要的至关重要的因素包括设计师的个性、热情和口才。因此，虽然不是所有设计师都要举办"衣箱秀"，但是那些有此热情的设计师最终都会得到销售量增长的鼓励与回报。

3.3 地理因素

不同国家、不同大陆上的顾客需求千差万别。加利福尼亚州、德克萨斯州和佛罗里达州的服装需求一定有别于纽约。因此，公司应当发展不同的服装设计生产线来满足不同地域的需求。这些服装线可以属于同一种风格，只在材料和颜色方面根据各地特色进行改造。例如，设计师可以为气候温暖地区的顾客选择质地更为轻薄的衣料，即便当地正值秋冬季节。或者考虑气候和地理因素，为西部地区选择更为柔和、明亮的色彩。针对这一地区，还可以考虑降低衣领高度，缩短衣袖长度等设计方案。

3.4 通过零售习得的知识

买手和销售人员同样是了解顾客喜好的重要渠道，因为他们与顾客的接触更为连续、直接。他们提供的消息对设计师设计产品线来说举足轻重。顾客往往对销售人员抱有信任感，一般依据他们的建议来做出购买决定。以波道夫·古德曼和内曼·马库斯（Neiman Marcus）为代表的高端商场的独特之处便在于出色的服务和与顾客保持良好的私人联系。新货到店时，这些销售人员便可以判断顾客肯定会对哪些服装有兴趣，随后联系他们来店里先睹为快。随后他们会帮助这些顾客进行选择并发送订单，再送上手写的感谢函。

百货公司和专卖店无论对专业设计师还是初学者来说，都是非常优秀的资源。专业设计师明白，为了熟悉他们的竞争者，他们需要时常去店里或工厂"购物"。在零售环境中浏览时装，设计师们既可以看到当季商品系列或者单品，还可以了解时尚潮流的整体趋势。

设计专业的学生可以从零售店学到非常丰富的知识。例如，通过研究零售店布置商品的方式，了解设计类别和价格定位，虽然这是为了顾客的方便而做出的设计。你会发现，特定楼层只会出现一定类型和价位区间内的设计师运动品牌，例如卡尔文·克莱恩、唐娜·凯伦、拉尔夫·劳伦这些美国品牌。价格相似的欧洲品牌也会出现在同一楼层，但是一般位于独立区域。而价位稍低的服装线类型的运动装被安排在另外一个楼层。以下内容将提供一个美国运动服装市场分类的综述。虽然每一个设计市场都有自己独特的分类，这里选择介绍运动品牌，是考虑到它是最大的一块服装市场，也包含最多样的分类。

慢慢熟悉设计市场以及零售商的分类之后，设计专业的学生将可以更加清楚他们自己的作品在这一环境中的位置，以及应当如何达到市场要求。通过观察店铺里的购物者，研究标价，熟悉商品和其摆放方式，学生将会逐渐积累到对他们今后的设计大有裨益的信息。

3.5 设计市场概览

美国服装市场包含多种不同的分类/市场，每一种都会考虑样式、价格和目标顾客。

高级定制

最昂贵的一类。使用的布料每一码的价格在50到100美元不等。高级定制一般与欧洲市场相关，很少有美国设计师制作定制服装。这类服装的顾客一般在30岁到90岁之间，常为公众人物、社会名流或是演艺圈人士。一件夹克的标价一般是2500美元以上。一些著名设计师会为特定顾客定制服装，例如奥斯卡·德·拉·伦塔、拉尔夫·鲁奇和卡罗琳娜·海莱娜（Carolina Herrera）。但这并非常见现象，因为这些设计师的主要目标还是发展成衣系列。加拉诺斯（Galanos）是少有的几位美国定制服装设计师之一。

设计师品牌

一般来说，一个知名设计师使用的衣料价格在10-40美元一码的水平。衣服样式复杂、做工精细，迎合富裕阶层的品位。客户人群在25岁到60岁之间，并且对地位非常敏感。这些服装并不追求时髦。一件夹克的零售价在500到1500美元之间。此类设计师品牌包括唐娜·凯伦、拉尔夫·劳伦、卡尔文·克莱恩和奥斯卡·德·拉伦塔。这些品牌进驻的商场有萨克斯百货（Saks），波道夫·古德曼，巴尼百货（Barneys）和内曼·马库斯。

年轻设计师品牌

这一类型包括那些刚刚出道的或已有几年经验的年轻设计师，这一类型的设计师使用的面料处于普通和高档之间，一般每码10-30美元。其设计一般对20岁到40岁区间的顾客具有吸引力。他们追求时尚，非常在意社会地位。这种品牌的时尚程度使得人们也称其为"快时尚"。

一件夹克的零售价在300至800美元不等。这一类的品牌一般开设专卖店，当然也得到一些百货公司的青睐。这一类品牌的代表有扎克·珀森（Zac Posen），德里克·林（Derek Lam），彼得·桑（Peter Som）和瑞格布恩（Rag + Bone）。

副线品牌/高端线品牌

相比设计师品牌，运动装的顾客群更广阔。这一类的服装也包含设计师品牌的二线商品，一般称作"桥"（bridge）。服装样式主打时尚，目标客户在20岁至50岁之间。设计师使用的面料在每码5到20美元之间，一件夹克零售价约在250到425美元之间。此类服装一般可见于百货商场，例如梅西百货（Macy's），布鲁明戴尔百货（Bloomingdale's），萨克斯百货，诺思壮百货（Nordstrom）和罗德与泰勒百货（Lord & Taylor）。副线品牌包括DNKY、CK、RRL和艾琳·费雪（Eileen Fisher）。高端线品牌包括安德里亚·约维内（Andrea Jovine），爱伦·瑞丝（Ellen Tracy），迈克·科尔斯，维特汀尼（Adrienne Vittadini）和塔哈瑞（Tahari）。

流行品牌

这一类包含的品牌设计面向更广阔的顾客群，使用的面料价格在每码3到10美元之间。服装样式新潮。目标顾客在意社会地位，希望在可承受的价格范围内买到设计师品牌样式的服装。这些顾客年龄一般在18岁以上。一件夹克的价位一般在150到225美元之间。此类品牌常见于百货公司，有时也开有自己的门店。代表店家有BCBG MAXAZRIA，希尔瑞（Theory），文斯（Vince），马克·雅可布的马克（Marc）系列，以及詹姆士·珀思（James Perse）。

青少年系列

这是一个年轻、时尚并且更新迅速的市场，追求高回头率。目前顾客年龄在13岁以上。面料价格在每码1.5到5美元之间，以牛仔制品最为流行。少年系列上衣价格一般从15美元起，裤子19美元起。价格在39到250美元之间，依据季节因素波动。这一类的品牌可见于百货商店，也有独立门店。少年系列品牌代表有盖尔斯（Guess），XOXO，蓝姆佩奇（Rampage），米西西奇（Miss Sixty）和罗克西（Roxy）。

高端平价品牌/低端副线品牌

相比传统的平价品牌而言，这一类型的品牌更为时尚，更新换代速度更快。价格比平价品牌一般高出百分之十到百分之二十，面料一般在每码3到10美元间。服装样式更为新潮，面向40岁以下顾客，填补了平价品牌到副线品牌和高端线品牌间的空白。夹克价格在100到120美元间，裤装70美元左右，半裙68美元。销售这些品牌的百货商店包括梅西百货，瑞奇百货（Rich's）和乐蓬马歇百货公司（Bon Marché）。代表品牌有尼波工作室（Nipon Studio），乔斯（Chaus），凯伦·凯恩（Karen Kane），纽约琼斯（Jones New York），帕梅拉B（Pamela B）和杰西卡·蒂尔尼（Jessica Tierney）的SK。

平价品牌

对价格非常敏感，大量出售运动品牌。面料价格每码2到5美元。样式繁多，从淑女类（指较成熟的，不追逐时髦的，20岁以上的顾客）到青少年类（15岁到35岁之间的追逐时尚的顾客）皆有主打。夹克价格在70到100美元之间。这一类品牌大多在百货商场出售。淑女系列包括阿尔弗雷德·邓纳（Alfred Dunner），莱斯利·费伊（Leslie Fay），坎特博恩慈（Counterpoints），拉菲拉（Raffaela）和诺顿·迈克诺顿（Norton McNaughton）等品牌。平价青少年品牌代表有必要元素（Necessary Objects），蓝姆佩奇，朱迪·克纳普（Judy Knapp），盖斯和埃斯普里（Esprit）。

大众品牌

多为低价促销商品，有时使用低价面料，例如每码1到4美元之间的混纺涤纶。这一类的品牌包括年轻女孩儿和青少年品牌。顾客年龄在15岁到50岁之间。青少年品牌的样式更加时尚，淑女系列以基础款为主。夹克零售价在50到75美元之间。这一类品牌的顾客群对价格非常在意。出售此类商品的主要为百货商场，连锁商店，以及折扣商场，例如凯马特（Kmart），沃尔玛（Walmart），康威（Conway）以及塔吉特（Target）。代表品牌有鲍尔（Bauer），完美体态（Body Focus），狄太乐（Details）和安德鲁运动（Andrew Sport）。

自营品牌

指那些有商场自己生产或与制造商合作开发的商品。对商场来说，这种生产方式标价灵活，便于控制生产、成本、推广，有自营权，可以内部设计，而且利润率较高。自营品牌比一般品牌在原始附加成本百分比上的贡献要高出百分之五十。缺点则在于商场需要投入更多库存融资，缺少降价赔偿金，以及担负更多的管理职责。以萨克斯和巴尼为代表的百货商场直接和工厂合作，安·泰勒（Ann Taylor）为代表的其他品牌则与基内设计（Cgyne Design）类型的制造商合作。自营品牌几乎涉及从副线到平价类别的所有市场，同等质量的单品价格却比时装品牌的对应商品便宜百分之五十到百分之九十九。拥有自营品牌的商场代表有极点（The Limited），萨克斯百货，梅西（包括国际概念'International Concepts'，摩根泰勒'Morgan Taylor'和宪章俱乐部'Charter Club'系列），凯马特（杰奎琳·史密斯'Jaclyn Smith'系列）和杰西潘尼（JCPenney）（包括亚利桑那'Arizona'，沃辛顿'Worthington'和猎人俱乐部'Hunt Club'系列）。

折扣零售商

折扣零售商店的女装大约会降价百分之十到百分之十二。这些商店的商品一般是品牌制造商清仓抛售的货物。零售商有时直接从公司订货，包含从设计师品牌到清仓的服装。此类商场的代表有马歇尔（Marshall's），TJ马克斯（TJ Maxx），安妮特区（Annie Sez），达夫（Daff's），飞琳地下商场（Filene's Basement），超值城市（Value City），罗斯商店（Ross Store），TJX Cos.，衣物仓（Dress Barn），晾衣架（Clothesline），Inc. 和二十一世纪（Century 21）。

3.6 顾客档案

下一部分将分析两位顾客档案，同时附上可以定位他们顾客类型的照片或拼贴画。通过视觉图像来确定顾客类型是在设计过程中保证专注于顾客需求的绝佳方法。以下顾客档案包括：

企业管理人—高级定制/设计师品牌（图3.1）

学生—青少年品牌/流行品牌（图3.2）

练习：顾客图像

从你最喜欢的时尚杂志中剪裁出代表不同顾客类型的照片。《世界时装》（Vogue），《时尚芭莎》（Bazaar），《世界时尚之苑》（Elle）和《W》都是非常好的选择。将这些照片按它们所属的风格分类，例如依据学生、潮人、年轻的专业人士、大众品牌、高级定制或你自己创建的分类。参考设计市场概览部分来划分设计风格。利用这里提供的范例图片来辨识顾客类型。你或许想要编辑这些照片，仅从中挑选几张，或者使用不同照片来拼贴出一幅新的照片来表现顾客类型。每一种方法都代表一种工作风格。使用空白的顾客类型表格（图3.3）来进一步确定顾客的身份类型。创作一个顾客图像及其身份，使其变得"真实"，有助于设计时思考得更加具体。顾客档案和图像也可以成为你的设计"合同"，它是保证你的设计始终面向既定顾客群的有效方法。

顾客档案

企业管理人—高级定制/设计师品牌

姓名：	芭芭拉·巴里
年龄：	40岁以上
职业：	主流电视新闻主持人
年收入：	五十万美元
教育/学位：	耶鲁大学政治学本科、硕士
住址/房屋类型&位置：	纽约市萨顿庄园连栋住宅
婚姻状况：	离异
配偶职业：	
子女/年龄：	无
休闲活动：	私人教练
	筹款人/迪法公司主席
	纽约大都会歌剧院赛季负责人
	纽约现代艺术博物馆董事会成员
旅行目的地：	普罗旺斯乡间宅邸
	伦敦切尔西区公寓
青睐品牌：	圣约翰织物（St. John Knits）
	香奈儿（Chanel）
	伊夫圣罗兰
	卡罗琳娜·海莱娜
青睐商场：	波道夫·古德曼
	内曼·马库斯
	萨克斯百货
	香奈儿精品店（Chanel Boutique）

图3.1

企业管理人—高级定制/设计师品牌。

瓦伦蒂诺设计，©WWD/康泰纳仕出版公司 Conde Nast Publications

顾客档案

学生—青少年品牌/流行品牌

姓名：	莎拉·吉尔伯特
年龄：	19
职业：	学生
年收入：	家庭资助16000美元的学费和食宿费，打工每小时5美元
教育/学位：	威斯康辛大学麦迪逊分校
住址/房屋类型&位置：	家庭住址：俄亥俄州克利夫兰市；学校宿舍
婚姻状况：	单身
配偶职业：	
子女/年龄：	无
休闲活动：	男女混合排球队
	购物
	和朋友出去玩
	橄榄球比赛
旅行目的地：	春假期间，佛罗里达
青睐品牌：	李维斯（Levi Strauss）
	BCBG
	盖斯休闲
青睐商场：	爱斯普莱斯（Express）
	盖普（Gap）
	BEBE

图3.2

学生—青少年品牌/流行品牌。

D&G设计，©WWD/康泰纳仕出版公司。

顾客档案

姓名：

年龄：

职业：

年收入：

教育/学位：

住址/房屋类型&位置：

婚姻状况：

配偶职业：

子女/年龄：

休闲活动：

旅行目的地：

青睐品牌：

青睐商场：

图3.3

顾客档案表格示例。

Large Floral
Print
Stretch Cotton
Dress
Trimmed
in
Dotted
Stretch
Cotton

White
Matelasse
Dress
Trimmed
in
Silk Satin

Upholstery
Floral
Print
Stretch Cotton
w/ Solid
(Se
T

Renaldo G Barnette

组织和内容

大部分人都希望在求职面试时表现出最好的一面。达到这个目标的方法之一在于选择这样一种展现方式：最大限度地表现我们的长处，而尽可能地掩饰我们的缺点。最开始可以找到一个合适的展现方式来表达你的创造性和能力。

许多勤奋的设计师只是从单维的层面来看待他们的作品集或"书"：一系列设计草图及周边相关作品的基调、形式、平面背景等等。但是其实有一系列的作品集展现方式可以更好地表现你的视野和你作为设计师的能力。虽然这些展现方式并不能取代传统作品集，你也许需要考虑使用其中一二来更好地补充你的主要作品集。本章旨在介绍几种展现方式及其在面试过程中起到的作用。与此同时，我们的首要关注点仍旧是时尚设计作品集中的传统元素，因为这些元素所体现出来的能力是在最初的求职路上的核心要素。本章最后我们将学习特定目标下的展现方式。

4.1 传统的时装作品集

入门级别的作品集应当包含尽可能丰富的作品形式，以展现设计和表现能力。你在学校教育、服装展览和设计实践过程中学到的所有知识都应该在这里得到明确的体现。你的面试官想要了解你的绘画能力、创造力和想象力、个人风格以及对潮流的把握。这些都是考察你的标准，所以请务必选择最佳作品。而这并不是说你的作品集应该因循守旧。正相反的是，无论何种展现形式都会体现出你是否具有创造力。传统作品集应当包含以下内容：

· 简介页
· 4到6幅表现色调和材质的设计页
· 平面图/说明书/服装规格细则
· 获奖情况照片和剪报等信息
· 折叠插页展示
· 复制展示板
· 设计日志

在决定选择哪些作品放入作品集前，你需要考虑以下几点。为了保证作品的统一性，你需要客观地去掉那些与关注点不相符的作品。如前所述，只选择那些最好的作品：从一大批作品中筛选出来的最优秀的设计。有些时候为了符合专业要求，你需要重做或者调整一些作品。这在一开始看上去工作量很大，但在长远来看非常值得。这是展现你的天赋和技巧，将所学付诸实践的绝佳时机。再一点，整洁度！原创性！创造性！最重要的一条原则就是：在打造作品集这一过程中，不存在固定规则。成功所需要的是付出与欲望。

4.2 需要囊括的内容

理想状态下，传统作品集应该包括四到六幅在概念或主题上与整个系列相关的作品。每一作品的设计数量和页幅则可视情况而变。作品集中全部作品若使用的设计和页幅数量、形式都一样，将会非常单一，而且缺乏创造力和令人兴奋的内容。

有些部分可能包括最少两张最多八张作品，这取决于你所瞄准的设计市场。例如，在运动服装市场上，展现作品之间如何互动是至关重要的一点。为了有效做到这一点，你需要展现不同组合的可能性，因而需要选择较多作品。在运动服装市场上平面图至关重要，因为它们可以用来辅助那些精细描绘的设计图，来证明设计师技术架构和精确绘图的能力。在造型设计展示中使用平面图将扩大该设计概念的容积。平面图既可以作为概念说明的一部分，也可以独立存在。

很少有设计师可以用不到十幅作品来表现天赋和技术。而另一方面，使用太多设计（超过25张）则会减弱作品给人留下的印象，表现出编辑能力不足，作品冗余的缺陷。业界的专业人士往往行程满满。展示太多作品将会浪费他们的时间，给他们留下你不知如何合理展现作品的印象。面试评委也将因此对你的专注能力丧失信心。虽然你希望尽可能多地展现作品，让面试评委就他们感兴趣的作品进行回应，但是这将影响面试效果。而一个已经浏览过足够多的作品集的潜在雇主感兴趣的是足够专注于某一领域的候选人。

随着你依据各个面试要求和目前市场特色对作品集不断做出修改，你要寻找到八到十个可以随意"进出"你的作品集的概念。浏览越多的概念，为了特定面试调整作品集的能力也将会愈加强大（有关顾客类型和对应市场的分类，详见第三章）。如果你准备申请不止一个市场或设计领域，需要为每个方向准备一个单独的作品集，例如，儿童服装或是运动品牌。针对每个面试制作的作品集需要包括四到六个概念。准备好替换掉那些没有得到任何正面鼓励的作品。随着你不断参加面试，你将慢慢意识到日常工作和你未曾涉及的领域之间的差距。花时间来替换作品或者增添内容。保证你的作品集的灵活度，依据每个面试进行调整。切记，你的作品集水平一般业线。而不找借口，以礼相待，都将使你和你的面试评委感觉舒适。

4.3 专注与统一

一套丰富的作品集往往包含面对特定市场和顾客所选择的一系列系统设计，从而呈现一系列设计因素。另外，应该保证每一个作品概念所包含的目标衣物都应该是同一季的，价格应该在同一区间内，且针对特定顾客群体。一个知识丰富的专业人士将能够保证这种专注。那些新入行的人将发现这一点对雇主的重要性。第三章就顾客定位进行了深入的探讨，并且提供了在你的最终展示中营造专业形象的方法。

展现作品集的过程中一个常见的错误是收入不相关的作品。专注和统一是一个效果明确的时装设计作品集的品质保证。应该删除所有个人作品，例如写生作品、非时尚领域的照片、雕塑设计、插图、卡通画等等。即便这些作品都拥有强烈的特质，它们都与时装设计相距甚远，因而会削弱你的作品集的影响力。

一套作品集的意义在于展现目标。艺术世界纵然重要，纵然可以为时尚设计师提供无尽的灵感，并深深扎根于时尚传统之中，你都应该明确时尚与艺术之间的本质区别。艺术家发现问题并寻求个人的视觉化解决之道，而时尚设计师则为设计公司提供设计方案，不论是单独作业还是团队合作。无论是平面还是立体图，他们为服装商提供的点子所针对的是样式、市场和受众。他们被雇佣来为顾客设计可以穿着、买卖的符合顾客需求的产品，而不是单纯展示设计师个人的奇思妙想。

不过，那些在摄影、织物表面设计和平面造型设计方面具有强劲实力的设计师可以在时装设计作品中融入这些技巧，从而展现他们的多才多艺以及独特性。为你的色

调页面选择一幅美丽的照片，或者亲自为一系列设计拍照等方法可以展现你在这一领域的技术。在设计插页中表现原创的纺织品展示将丰富你的作品集。如今许多设计师都会设计织物，并重新上色。

在作品集的外观和每一页的设计中表现你的平面设计能力。充满想象力的字体选择、背景用纸选择和造型布置都可以展现你的平面设计能力和创造力。甚至是使用一种更独特的材料来包装一件普通的作品集都可以展现你的艺术细胞。

4.4 突出特殊技能

有些时候，设计师倾向于使用一套单独的作品集或者设计日志来突出展示他们的特殊技能。尽管评价标准不会改变，这套样品不需要与作品集本身联系。评估何种能力可以最好地展现你的才华和能力，这将决定你是否适合使用多套作品集。本章最后将讨论和展示不同类型的时尚作品集。

你需要使用一件辅助作品集来展现一项特殊技能，或者突出展示一系列剪报和摄影作品。在两个作品集在描述上应做出明确区分。使用不同的例子和布局方式，或者在某个作品集中嵌入另一个。如果使用后者，应当保证两者在视觉上有明显差异。可以通过尺寸、颜色和更小型的嵌入内容来达到这个效果。多重展示常为有经验的设计师作使用，因为他们积累了足够丰富的印刷样品。对于那些刚刚进入业界，拥有一到两个奖项和几件值得收入的作品的年轻设计师，使用第二套作品集并非必须之选。相较之下，反而应当将这些作品具有策略性地放入唯一的作品集，吸引面试评委就此和你展开对话。

在面试中，首先展示时装设计作品集，如果允许的话再加上第二套作品集。那些面试评委都异常忙碌，时间有限：对这一点的注意将展现你的体察能力和敏感程度。只在你觉得可以起到有利作用的情况下，才应该使用第二件作品集。一套质量欠佳的第二作品集反而会减小你拿到工作的机会。

除去你的目标作品集，你或许还希望呈现一些表现"奇思妙想"的设计。将这些作品放入另一个集子中，在展示格式上与前两套作品集做出区分。而常常出现的问题是新手设计师将这些设计收入作品集，却使作品集定位更加模糊。此时应将奇思妙想作品与其他两种类型的设计区分开来，这展示了你对行业的了解。面试评委对奇思妙想的设计往往没有兴趣，因为他们认为这些作品不现实，无

法适应这个商业社会的需求。但是，如果你对这些设计非常有信心，请不要放弃。相反，你应该专注于设计一个展示方式，来突出这些作品的独特性。

4.5 尺寸

多数专业设计师偏好方便实用的作品集尺寸。考虑到面试目标，你需要一个便于携带、可放入桌内而不会影响到内容的作品集。超过14*17英寸的作品集不便携带，并且对于设计草图来说尺寸太大。建议尺寸为9*12英寸，11*14英寸（最为流行），和14*17英寸。

有些设计师喜欢根据他们自己的独特需求来制作作品集，并将作品纸张尺寸修改到同样大小。但这是特例，而非常规，尤其对于那些初入时尚设计领域的新手来说。切记，作品集的内容比外观更为重要。

在你不断增加设计经验的过程中，你将积累到足够再做一个作品集的印刷作品和剪报。一些专业人士在面试时（大多倾向于小型作品集）会带多种不同类型的作品集。展示尺寸既是一个实用的选择，也是个人的选择。每个人都应根据他们的技能和创作表达的需要来决定。

4.6 多样性

你的创造力将通过设计技巧和在作品集中安排作品表现形式的能力来体现（我们将在第六章深入讨论）。不过除却尺寸、定向和作品质量，还有一些其他因素决定着如何做出一个有趣并多样的作品展示：

- 材料类型/颜色
- 图片数量、大小和位置
- 技术：例如记号、铅笔素描、热膜转印、水彩
- 每个概念所用的页数
- 平面图和造型图的设计
- 多种多样的展示格式：例如纸板、平面图、造型图、折叠插页

4.7 作品顺序

在作品集编辑结束后，你需要排列作品的顺序。每个面试都会要求你在作品中做出挑选。这一点将有助于你安排你的展示顺序。你也许会问自己：什么是最有逻辑、最打动人心或者最与众不同的方法？什么类型的组合可以给人留下正面而持久的印象？哪一件作品能使我被人记住？什么类型的组合能体现出我做得最棒的部分？

作品集中作品组合的排序有时被拿来与乐谱比较。如同音乐，你的作品集可以有很多种引人注目的展开方法，详见下文：

引人注目的开始和结尾

作品集应当有一个引人注目的开始，随后表现出一个进化过程，终于一个有力的结尾（图4.1a）。使用这种排序的话，第一幅和最后一幅作品给人留下的印象将至关重要。但是需要确保中间部分的作品排列也不断在加强，强到足以过渡到结尾作品。否则你的展示将给人留下水平不稳定，作品太平淡的印象。

引人注目的开始、过程与结尾

这一排序将使用到你最有力的三组作品。将其中一幅放在起始处，一幅在中间，一幅在结尾（图4.1b）。开篇给人留下深刻印象，随后加强这种印象，最后结束于有力的终章。即便面试评委从后向前浏览你的作品集，这也将是一个非常有效的展示策略。这三种关键作品组自身也应该具有过硬的质量。参加过竞赛或者获过奖的作品会是很好的选择，它们可以自然引发进一步讨论。

令人印象深刻的开始

这个方法是在作品集的开始使用最出色的三组作品（图4.1c）。审稿人将迅速被这些有力的作品冲击，进而被打动。这种作品集的余下部分将被快速浏览而过，在结尾处再放一组有力的作品来加强前面的效果。

在参加面试的过程中你将不断发现自己最好的和最弱的作品。去掉那些弱的，因为这些作品将使你的展示效果不稳不连续，从而给人留下糟糕的印象。任何作品集中最重要的部分都是开始和结尾处。在最终确定你的作品集顺序前找一些评审来测试这些核心位置作品的效果。即使是在评审开始前，你都可以找你的课业指导和布局咨询人给你非常有价值的建议。永远不要给人展示你自己都觉得欠佳的作品。借口将会传达出你对听众的轻视，使自己这个面试者丢脸。切记你的作品集就是你的最佳表现，只应放入你的最佳作品。

在面试评委浏览过你的作品集后，你们开始讨论时，作品集经常会停留在最后一页打开的状态。具有强烈视觉效果的作品将会持续吸引目光，进而强化你的能力和技术。这种铺开的方式可以创造持续的影响力，因而应该选用一组可以展现你的独特设计技巧和风格的作品。

a 引人注目的开始和结尾。

b 引人注目的开始、过程与结尾。

c 印象深刻的开始。

图4.1a-c
顺序与排列选择。
顺序/排列，杰弗里·格茨绘图。

4.8 内容

简介页

虽然很多展示模式都是从一张空白页开始，使用包含你的个人简介的首页将更加有效。一个实用的方法是设计一个包含你的名字和设计图案的个人标志。这个标志之后还可以放入你的信头和名片上（图4.2a）。不建议在设计中使用特殊外观，以防止剥落过快。有时独特的设计类型或者当季商品都会启发你的图案设计。此处所举的例子中（图4.2b），户外航行主题展现了这一设计所专注的领域。文化指向和符号也是可以表现出个人特色的方法。具有书法背景的人可以尝试这种方法来塑造个人形象。下一个例子（图4.2c）使用了粗体中国书法来表现设计师的名字，令人印象深刻地介绍了这一作品集。

布局

如果你书一样打开作品集，简介页应该位于一个纵向排列的作品集的首页右侧。在水平排列的作品集中，简介页应该是在翻转页中的第一个单页。有关方向的具体讨论详见第六章。

图4.2a

使用包含你的名字和设计图案的个人标志是一个可行之法。这个标志还可以出现在信头和名片上。

简介页和名片由泷泽由纪惠（Yukie Takizawa）设计。

图4.2b

这个例子使用了户外航行主题来展现设计所专注的领域。

简介页由海瑟·德·娜塔莉（Heather De Natale）设计。

图4.2c

在设计中融入你的文化背景和经历将带来更为独特和个性化的表现。这一例子使用粗体的中国书法字来表现设计师的名字，因而是非常有力的作品集开篇。

简介页由陈南希（Nancy Chen）设计。

赠送页

简介页还有另一种作用。将其缩小到8½*11英寸大小，便可以做成一张赠送页，作为你的面试的留念赠送对方（图4.3）。即便使用彩色复制件，这种做法花费也不高，反而有助于你拿到下一次面试机会。在你的作品集附带的口袋里可以将这些赠送页连同你的简历一起装入。

赠送页也可以做成不同尺寸的卡片形式。这些卡片可以当面送给面试官，也可以作为你的作品的纪念在面试结束后寄送给对方（图4.4—图4.7）。本章末尾有一个指导你制作这些内容的练习。

图4.3
简介页一般具有双重作用。将其尺寸缩小，便可以作为面试的留念赠送面试官。
简介页和名片由克里斯蒂娜·佩雷斯（Christina Pérez）设计。

图4.4
可以将左侧的赠送页和右侧的信封做成不同尺寸的卡片当面送给面试官，或者在面试结束后寄给面试官。
赠送页和信封由杰拉那·霍赫贝格（Jerlana Hochberg）设计。

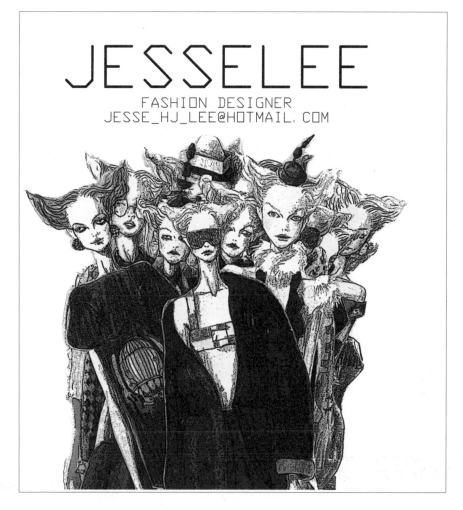

图4.5
此处的双面例子说明牛仔单品是为青少年市场所设计的，体现出年轻和当下的感觉。赠送页由罗宾·迪特里希-库伯（Robin Dietschi-Cooper）设计。

图4.7
这一卡片传递出明显的年轻与时尚感。它还将设计师的名字作为公司标志融入为幅富有表现力的素描之中。赠送页由杰西·李贤珠（Jesse Hyun Ju Lee）设计。

图4.6
你的结尾页应当激发读者继续了解你的其他设计的兴趣，应当充满魅力，从而让你的面试官无法拒绝将你的作品贴在他们的工作室里。如果市场允许，你还可以收入立体元素，例如丝带、面料或者其他装饰品。此处例子中，隐藏的细节来自儿童套头衣的口袋中放入的小花。赠送页由罗宾·迪特里希-库伯设计。

基调/主题/概念页

这一页一般被称作基调、主题或者概念页，这一页的目的在于"讲述你自己的设计故事"（图4.8），设计师一般会使用多种多样的照片来完成这一步，不过所有激发出设计师的创造力和想象力的元素都可以放入这一页。不论是历史上的还是当代研究用的照片都可以被用来表现设计师的创造过程。选择过程因人而异，主要取决于设计师希望多大程度上展现作品"基调"。布料和色彩的样品一般会被收入这一部分，以展现照片中的颜色选择风格，表现设计师色彩敏感度和配色能力。顾客照片一般也会收入其中，用来说明设计顾客群和目标市场。

布局

基调页一般放在每组设计的正式介绍之前。

布料/色彩页

设计作品组应当包含合适的面料和色彩介绍（图4.9）。大部分时尚设计工作的介绍里都会要求申请者具有"出色的色彩感"，或是"进行色彩设计"的能力，可以"辨识染色小样"并且"为印花重新上色"。你在面料和色彩上的选择将说明你是否符合这些要求（本书最后的术语表中有关纺织品的部分提供了相关领域的常用词汇）。在特定市场上为衣物设计印花或图案的能力将会有力增强你的竞争力。

考虑其在设计中天然的重要性，布料应该被突出并且贯穿于作品集始终。如果你不打算在基调页放入布料和色彩样本，也可以单独做一个面料和色彩插页。许多设计师喜欢单独放置他们的布料和色彩介绍，尤其是介绍花费较高，包含多种布料类型和剪裁方式时。专业的布料介绍页需要包含你的发现，例如独特的剪裁方式、金银饰带、纽扣、丝带、特殊、拉链甚至是构成这些面料或布匹的细节样本。

有时设计师倾向于放入一幅自己的剪裁设计草图。专业人士还会加入灵感来源资料的介绍。如果没有这种参考资料的信息，原始设计会显得有些"虚假"，并且缺乏专业性。描述性的图片也可以辅助布料展示，在保证图片与布料十分相关并且不会遮盖住面料的重要性的前提下。

图4.8

基调、主题或者概念页可以"讲述你自己的设计故事"。

基调页由雷纳尔多·A.巴内特为巴格利·米施卡（Badgley Mischka）设计。

图4.9

设计作品组应当包含合适的面料和色彩介绍。你在布料和色彩上的选择将展现你的创造力和色彩感，这两点在职场上非常关键。

布料/色彩页由雷纳尔多·A.巴内特为巴格利·米施卡设计。

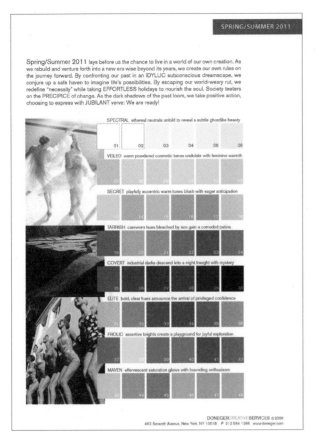
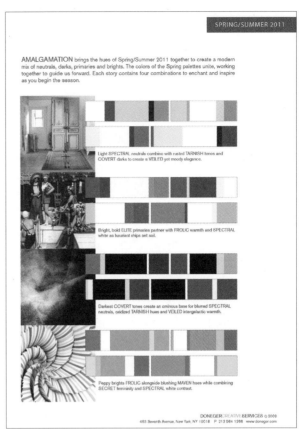

图4.10

设计师会购买预测书籍来研究布料和色彩。

预测书籍由多尼格尔集团（The Doneger Group）提供。

　　虽然你会使尽浑身解数去寻找那些昂贵的、质量极佳的布料样品，但是有时你发现就是没有办法找到你想要的布料或者颜色。相比使用并不匹配的布料样本，一个更好的选择是考虑使用纸质色彩版或者彩色印刷来展示你所使用的色彩。如果你要表现一组实物但却找不到需要的布料时，当地的油漆店是一个可选项。用同样的方法利用它们的墙纸系列来发掘多种多样的印花选项。在调整印刷选项时，选择较大的布料样本来保证展现平铺的图案。另外，价格允许的情况下，表现你的色彩设计（为同一款衣服使用不同颜色）将会非常关键。这将使用到三到五个印刷及相关立体模型的样品。

　　布料和色彩页一般都通过命名来表现相关主题和季节。但是避免使用具体时间，例如2011年春季，否则作品将会太快过时。专业设计师会使用拉突雷塞印字传输系统或者电脑生成的类型来处理所有文字部分，也包括那些说明布料类型的内容。所有实体布料和手绘样本都应该整齐干净地剪裁。为了防止边角磨损，很多设计师都会使用锯齿边剪裁，或者用这种方法来剪裁纸质样本，以创造一种布料类似的效果。

　　一些设计师倾向在醋酸纤维布套的上方来展示布料，从而让面试评委可以触摸这种布料。布料展示时，将折叠过的醋酸纤维插入布套中，从而使得布料可以被触碰。为了防止磨损，避免将布料直接放入布套。相反，应该将布料贴到硬纸板或者很轻的板子上，随后利用尼龙搭扣将它们固定在醋酸纤维布套上面。这样的话，布料就可以被轻松拆装，放到为不同展示做准备的作品集中。

　　专业设计师在开始每一季的工作前都会在布料和色彩研究上投入大量精力。大部分这样的研究会集中在布料预测上，特别是风格指向和色彩选择（图4.10）。欧洲和美国的那些希望发现潮流，在设计发布季到来前购买原料的设计师都会时常光顾布料展示会。附录A中包括一个预测服务列表，纤维协会和图书馆，以及布料和色彩展示会。

布局

　　布料和色彩页应该放在设计作品组合的基调页之后。任何情况下，无论设计作品组合有没有基调页，都应该包含布料和色彩页。布料和色彩页不应该在没有平面或造型设计作品的情况下单独展示。违背这一规定就像在没有主菜的情况下上甜点。

人物造型设计页

最正规的作品集一定包含这些人物造型设计页，因为相比平面图，它们可以更好地展现设计比例（图4.11）。即便一些领域偏好平面设计图，大部分还是更加看重通过人物造型设计图来了解设计与人体的关系以及设计比例。这些设计页同时还可以传达设计师希望表现的想法。人体姿势和态度都可以更好地表现这种效果。第六章将详细讨论页面定向和人物位置的选择。

布局

人物设计图可以在整个作品集的任何位置放置，但是一般位于基调页或布料和色彩页之后。

平面设计图/规格细则

绘制技术草图的能力是使得入门设计师找到工作的最重要的技能之一。所有作品集都应该说明这一能力（图4.12）。考虑生产目的，许多面向平价品牌、流行品牌甚至更高档的市场的作品甚至只使用平面设计图。第七章将详细介绍平面绘图。平面绘图在产品研发项目中也是非常重要的一部分。在作品集中只放入平面绘图将会显得重复而冗余。但是良好的平面绘图能力一般都可以保证设计师

找到工作。大部分时尚公司使用平面绘图来完成从设计到生产的一系列目标。

平面绘图与人物造型图应该在不同页面上。如果衣物背面非常重要，不到万不得已不可以在同一页上使用背面人物造型。

评判平面绘图的标准是想象你将通过它们来制作印花。雇主一般要求求职者拥有制作印花和服装剪裁的能力，以及制作产品草图时的精准和速度，即使这并不是你未来工作任务的一部分。一些雇主甚至会要求你在面试中当场进行平面绘图，以此来测试你的速度和技术。

训练平面绘图的能力需要大量的练习和一些简单的工具。为了达到专业水平，可以使用尺子、法式波浪尺和精确标尺。一些平面绘图的技巧将在第七章集中讨论。

布局

作品集中的两套设计应该包括平面设计图。没有必要为每套设计都制作平面设计图。平面设计图一般会与人物造型图并列出现（图4.13），或者单独出现。对于运动服装设计来说尤为重要，因为需要看出此类设计的细节和不同部位的剪裁连接。

你或许打算收入精确计量的规格细则来展示你的技

图4.11

人物造型设计页可以传达出设计师想要表现的样式和比例。

日常穿着系列由雷纳尔多·A.巴内特为巴格利·米施卡设计。

术能力。最有效的方法是将人物设计图或者平面设计图上的设计移到规格细则表单上。将规格细则放在设计图之后，这套设计组合的最后一页。

折叠插页

设计师一般会选择使用折叠插页来表现独立于作品集的特殊作品，这些作品不需要与作品集主题有过多联系（图4.14）。一般在雇主对求职者感兴趣时，或者需要进一步证明求职者在公司框架内设计的能力时，需要这种类型的作品。详见第六章。

布局

单独存放、便于携带。折叠插页可以在面试过程中由设计师自行决定是否展示。它应当易于从作品集背面的口袋里取出，并且有助于和面试官擦出火花。如果你的作品集没有面试官需要的作品，你的折叠插页可能让他眼前一亮。

初学者一般会犹豫是否放入他们为其他设计公司制作的设计。但是如果这些是为一家真正的公司制作的设计并且表现最当下的潮流，这就很有可能是你最好的作品。介绍你所服务的设计公司也是进一步体现你的市场观察能力的证据。

图4.12
绘制技术草图的能力是新手设计师找工作的最重要的技能之一。
平面设计图由雷纳尔多·A.巴内特为巴格利·米施卡设计。

图4.13
平面设计图一般为配合人物造型图而出现在作品集中。对于运动服装设计来说尤为重要，因为在此类设计中，需要看出细节和剪裁连接的方式。
平面设计图和人物造型图由雷纳尔多·A.巴内特为巴格利·米施卡设计。

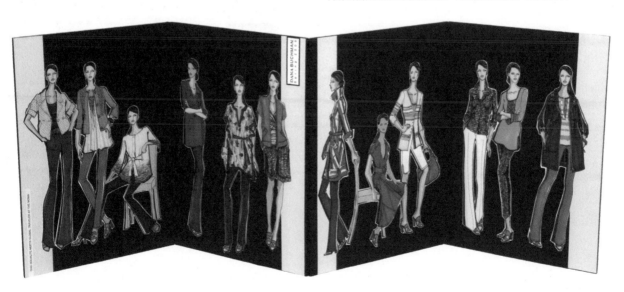

图4.14
设计师一般会选择使用折叠插页来表现独立于作品集的特殊作品，这些作品不需要与作品集主题有过多联系。一般在雇主对求职者感兴趣时，或者需要进一步证明求职者在公司框架内设计的能力时，需要这种格式的作品。你可以使用2张以上的页面。
折叠插页由谭红为丹尼宝文设计。

4.9 多方面展示

产品手册

大多数服装公司都会生产某种类型的产品手册（图4.15）。这种手册本质上是产品目录，包含该公司当季时装风格。服装可以是照片也可以是绘图，手册中还包含布料和色彩设计以及该服装的批发价格。一般来说，这种手册还会收入具有启发性的视觉图像，用以解读主题或风格。这些手册面向购买者和顾客，让他们更好地了解该服装线。当服装线进入生产步骤后，产品手册可以用来在没有出货的情况下发展订单。

你可以将产品手册放在作品集的侧面口袋里，带去面试。制作产品手册需要的不仅仅是你的绘画和排版能力，还有包装能力。这是展现你作为多才多艺的设计师的一种独特方式。

通知

为了宣布下一季服装的上市日期，服装公司一般会向重要买家和顾客递出通知（图4.16）。这种通知可以简单如卡片，也可以复杂如迷你产品手册。通知也许可以用最能代表整个设计的单幅照片，也许可以用产品线某一部分的样品。这些内容的图案设计非常重要。颜色、与众不同的纸张、活力十足的艺术设计和有趣的包装都将吸引顾客。

如同对待产品手册一样，尽量让通知简单易读。这种通知的有趣之处就在于它在被打开的那一刻所带来的惊喜。

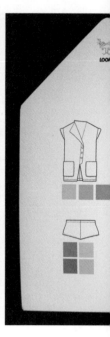

图4.15（本页与对页图）
大多数服装公司都会生产某一类型的产品手册。这种手册本质上是包含风格、色彩、布料和批发价的目录，表现该公司当季的时装风格。此例面向青少年市场，突出表现了该系列的基调、灵感和设计特色。产品手册由杰西·李贤珠设计。

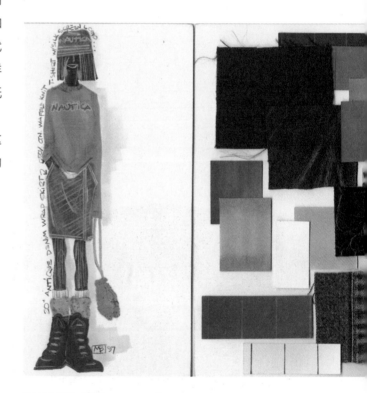

图4.16（本页与对页图）
送到买家和顾客处的通知是用来宣布系列服装的上市日期。这个充满想象力的例子使用了多层醋酸纤维，是一份表现该系列风格的样本。有趣的设计对于这些设计至关重要。
此计划由迈克尔·S.巴特勒（Michael S. Butler）设计。

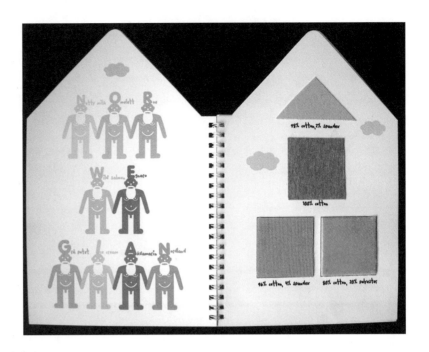

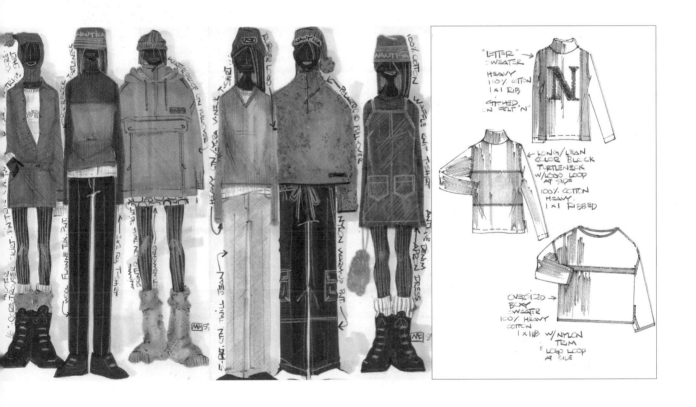

设计日志

作品集的另一个绝妙补充是时尚写生集或设计日志（图4.17）。作为你的构思记录，设计日志可以表现你的速写能力和色彩、布料敏感度，其中还可以包含饰品、妆容和发型的设计（一般来说就是该系列的模特装扮）。一般在浏览完作品集后，大部分面试官都会要求看看你的设计日志，因为它可以体现你生产和表现创意的能力。这些写生图一般不要求画得多完美，也不需要呈现概念。但是这种写生能力在时尚公司很多部门都非常关键，一般被视作雇主"必看"的内容。

布局

将你的设计日志放在作品集的背面，易于取出。一些设计师将其放于公文包或背包中。你应当将它放在作品集的活页夹中，让自己的展示形式更加多样。

图4.17

设计日记记录了你的构思过程，展示你的速写技巧和色彩、布料敏感度。

设计日志由雷纳尔多·A.巴内特设计。

4.10 特别呈现

时尚摄影作品集

这种展示格式可以用来重点表现设计师服装结构设计方面的技术（图4.18），尤其适合那些绘图能力较弱的设计师弥补自己的短版。既可以将其用作传统作品集的补充，也可以以将你全部的作品按此方式设计。

但是缺点在于这种展示形式的花费很大，需要摄影师、模特、影片制作和加工的费用。不过几个学生可以共同分担这些费用，为自己的服装做模特，正如例图所示。

电脑技术使得相片可以通过扫描和复制的方式达到独特的图案效果和页面设计效果。这会使你的作品与众不同，并表现你的创造力。如果你决定只使用摄影形式，请牢记你将无法展示你作为设计类求职者的绘图能力。这可能会影响你的职位，毕竟出色的绘画技巧对面试官极具吸引力，对整个设计流程的不同阶段也异常重要。只有在你的技巧和天赋无法通过绘图能力表现时，再决定使用这个格式。

摄影作品集需要包含以下内容：

· 简介页

· 摄影设计页，包含基调和布料页

· 获奖情况、剪报等等

图4.18

这种展示形式可以用来重点表现设计师在服装结构设计方面的技术能力。既可以将其用作传统作品集的补充，也可以将你全部的作品按此方式编排，这一形式尤其适合那些绘图能力较弱的设计师用以弥补自己的短版。

黑天使系列时尚摄影作品集由克里斯托弗·尤文诺提供，约瑟夫·辛克莱尔（Joseph Sinclair）和詹姆斯·韦伯（James Weber）摄影。

剪报/印刷作品集

　　这一格式常被拥有多年从业经验的专业人士使用（图4.19）。剪报/印刷作品集适用于那些表现一个或多个设计师负责的作品，可以应用于各种设计。如果一个设计师同时为几家公司服务，那么作品集也会相应地被分割，每部分表现一个公司作品的特点。这一水平的设计师往往已经在行业内建立起一定的声望和阅历。由于他们已经证明了自己的能力，这种作品集的期待值会相应更高。剪报/印刷作品集记录了该设计师在每一季的工作情况。这一格式可以用作传统作品集的补充，也可单独使用。

　　剪报/印刷作品集应当包括以下内容：

- 剪报
- 公司广告
- 杂志文章或报道
- 产品手册
- 通知或产品目录

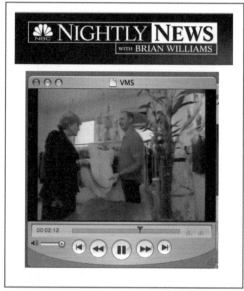

图4.19

这一展示形式常被拥有多年从业经验的专业人士使用。可以表现一个或多个设计师负责的作品，并相应地进行分类。剪报作品集由狄波拉·宝丽雅（Deborah Boria）和迪亚瑞克·科努普夫潘达·斯纳克（Panda Snack）设计。

图4.20
这种表现形式可以作为传统作品集的出色补充，因为它允许设计师进行独特的创作。这一例子中，设计师在设计针织物和装饰面料样品
时展现出对艺术风格和技术知识的把握。色彩选择通过纱线和色彩搭配的效果展现了出来。
特制作品集由妮可·本菲尔德设计。

特制作品集

这种形式可以作为传统作品集的出色补充，因为它允许设计师进行独特的创作（图4.20）。例如，一位运动服装设计师可能对针织品技术有所了解，并且希望设计一种新型的纱线的组合及缝纫方式。这种形式用独特的展示方法，因其对特殊技术的强调而成为传统作品集的绝佳补充。你对作品进行的创作也将格外突出你的艺术品位和创造能力。文中所附的例子中，色彩选择通过纱线和色彩搭配的效果展现出来。下一页则充满想象力地通过实体样品表现了布制装饰的质感。

其他特制作品集应该包含以下内容：

· 针织样品
· 手工染制的织物
· 珠饰
· 刺绣设计
· 编织样品
· 饰品设计

特制作品集可以展现你作为一个拥有个性的设计师的无限可能性。这一类型的作品集将帮助你从所有求职者中脱颖而出，拿到职位。

练习：制作赠送页

目标：

这些赠送页在面试过程中可以达到不同目的。首先可以提醒面试官你的身份，展示你的风格、特殊技艺和作为设计师的天赋。一般在面试尾声时应将赠送页送给潜在雇主，或者在面试后邮寄给面试官。主要原因如下：

· 作为你和你的设计风格的提示

· 当你无法通过面对面的方式交流想法时（尤其是当距离阻止了当面交流的可能性时）

市场：

选择三种截然不同的市场，分别制作赠送页。例如，毕业舞会服装、设计师品牌运动服装和当下流行品牌的裙装。

视觉效果：

你可以使用在任何艺术课程上创作的设计和写生图。根据你所选择的市场设计新的设计图。视觉产品可以通过电脑生成或手绘，也可以是两者兼有。

展示：

展示需要包含三件赠送页作品，使用三种尺寸，面向三个不同市场。

· 小号 4*6英寸

· 大号 8½*11英寸

· 常见大小 5*7英寸

（注：首先通过购买信封来决定你作品的尺寸。）材料、颜色和透明度都可以启发你的创作，也可以帮助你理解市场的需求。

信封设计材料：

· 卡纸

　－第六大道18、19街之间

　－第三大道13、14街之间

· 纸通道公司

　－paperpresentation.com

　－18街第五、第六大道之间

· 纸源公司

　－paper-source.com

签名：

为了今后联络方便，每件作品都应包含以下签名内容：

· 姓名和个人标志

· 电话号码（包括地区编号）

· 邮件地址

· 家庭住址；若无常用住址，也可不加

设计选择：

在设计赠送页时你需要考虑：

· 双面打印；例如，一面是你的设计，一面是你的签名

· 不影响设计的情况下折叠赠送页

· 使用立体材料来提升你的设计表现，例如丝带，等等

其他元素：

根据不同市场和视觉效果，考虑在设计中加入这些元素：

· 人物剪裁图

· 平面设计图，或包含人物图的平面设计图

· 绘有一组人物的设计图

创造性的方法：

作品集最后使用的设计应当可以激发面试官对你的兴趣，进而期待你的其他作品，并忍不住将它贴在工作室内。最终作品应当满足以下条件：

· 视觉趣味性

· 戏剧性

· 魅力

· 创造性

· 细致感

推荐使用材料：

· 卡纸

· 信封

· 电脑生成的图像和签名

· 立体元素（选择性）

· 视觉辅助物

4.11 作品集的评定

用来找工作的作品集不应当是你的所有作品的合集，你应该只选择那些最优秀的作品。每个人都有几件作品或是饱含情感，或是在课堂上拿到了高分。但是这些作品并不一定和你准备放进作品集的设计相协调，反而会脱离语境，影响作品集的整体性。

决定收入哪些设计是一个艰巨的任务，同样艰难的是对你自己的作品保持客观。因此，仅靠自己决定而忽略有经验的编辑的建议将会带来一定风险。向你的时尚设计课教授或者设计专家寻求建设性的回应。他们的高标准和批判性的眼光将为你的作品集带来巨大提升。你可以计划举办一场一到一个半小时的作品讨论会。

参加讨论会时带上你将使用的所有作品集。准备好你的设计市场和目标。如果你是专门为某一次面试做准备，告诉你的评论者，从而得到更适合的指导。将你的作品依据设计类型和展示类型排列，让评论者可以同时看到所有作品。通过这种比较方法，你最棒的作品将脱颖而出。相比呈现你已经编辑好的作品集，这个方法更加有效，还可以避免评论者来回翻看不相关的作品，节省时间。

收入你所感兴趣的领域的所有作品。为了呈现一个完整的作品集，你应该收入多种多样的作品，例如获奖和发表的作品、说明图版、平面设计图和规格细则、折叠插页以及设计日志。虽然面试中推荐使用原始设计图，一些设计师也会放入他们偏好的幻灯片。你应该在评论者的帮助下确定它们的相关程度和内容水平。

记下评论者的建议和意见。本章末尾提供的评估表格将会帮助你记住关于作品集的相应评价。保存这个表格，并在面试加入新作品后不断进行更改。你也可以建立自己的评估系统。但是如果你想要记住评估中的所有建设性的意见，仅靠记忆是远远不够的。

作品集评估可以反映你的强项和弱点，有助于你了解自己的能力、位置以及为了完成作品集所需要做的事情。你的作品最终会被分为四个级别。第一类作品已经可以用来展示，或者还需修改细节。第二类作品展现了很强的概念性，但为了作品集做准备的话，仍需进一步打磨。第三类作品应该放弃。第四类作品包含了其他设计理念和支撑作品，但是需要强化这些理念并填补它们和作品集主题之间的空白。

每个作品集都有一些将它们区别开来的独特魅力。虽然这些作品会依据公司和市场做出调换，每个设计师都会在这一过程中学会专注，并坚持他们超过常人的技术。对强项的良好把握将有助于你的求职过程。而新的方向总会带来兴奋与动力。

评估表格

这一评估表旨在囊括评估过程中会涉及的重要内容（图4.21）。没有人可以回想起所有发生的事，在重新调整你的作品集的过程中，应该时时参考这一表格。不论你选择使用本书中的表格还是创作你自己的表格，请保证在评论活动过程中使用某种结构化的格式。敏感人群有时会拒绝接受他们的作品的评论。评估表格将有效地帮助你以建设性的、过目不忘的方法来对待批评。

展示格式设计的实用技巧

必做：

· 为作品集确定展示方向（水平或垂直）。

· 选择适当尺寸的作品集（一般是11*14英寸或14*17英寸）。

· 收录你最棒的作品。

· 将你最突出的作品放在开始和结尾。

· 放入布料样品，展示你对布料的合理使用和色彩敏感度。

· 作品集中的每组设计都应瞄准一个特定市场、季节或者顾客群。

· 调查你将要面试的公司，熟悉他们的设计样式、顾客和价格区间。

· 根据不同的面试调换各组设计的位置。

· 在展示中突出独特技术，展现你的多才多艺。

· 使用备选作品集，如果它能展现你的其他技艺和专业成就。

· 让每个作品集看起来不一样。

禁忌：

· 收入太多设计，让面试官眼花缭乱（每个作品集体现4到6种设计理念即可）。

· 收入那些在面试官那里从未受到肯定的作品。

· 收入不相关作品，模糊作品集定位。

· 去掉那些离题的设计，除非你打算单独制作一个作品集来表现你的奇思妙想。

· 不向专业人士寻求建议便完成作品集制作。

· 在没有设计页参照的情况下使用基调页和布料页。

· 页面上使用具体日期，例如"2008年春季"。

· 除非你的书法毫无瑕疵，否则请使用印刷体。

作品集评估表格

描述	作品编号#	修订	完成	评论&修改
1.				
2.				
3.				
4.				
5.				
6.				
7.				
8.				
9.				
10.				
11.				
12.				
13.				
14.				
15.				
16.				
17.				
18.				
19.				
20.				

作品集内容清单:

- ❏ 作品集例1
- ❏ CD-ROM 或 DVD
- ❏ 设计日志
- ❏ 简历
- ❏ 赠送页
- ❏ 名片
- ❏ 其他

图4.21
作品集评估表格样板。

Silk
Shantung
Dress w/
Sweat Shirt
Flange
Pocket

= "Supreme" Styling

设计日志

设计日志也称作时尚日记、写生簿或速写本，是传统作品集的重要辅助部分，可以帮助设计师获得实习机会或者入门职位。设计日志可以展现设计师的绘图技巧、灵感来源、布料和色彩敏感度。

速写能力在时尚公司各部门间进行交流的过程中扮演着核心角色。缩略图、设计草图、设计概念以及布料建议等方面的记录有助于设计师把握自己的设计历程。设计日志是对你的创造过程的一种记录。它展现的是你如何将某一系列作品纳入整体设计的能力，是对创意的一种个性化记录。它可以包含所有让你感兴趣或者有助于你找到解决办法的元素。

从雇主的角度观察作品集，你将会发现特定的问题：这个概念是你的课程作业答案吗？完成这件作品花费了多长时间？这位设计师是否具备在样品室环境中与其他人进行交流的能力？这些设计图是原创的吗？围绕每个概念做出的设计是如何完成的？一本设计日志将帮助你回答这些问题，并展现你的能力水平。

5.1 如何选择和使用设计日志

风格与尺寸

选择设计日志是一件非常私人的事。有些设计师喜欢随身携带一个很小的本子，以便在发现感兴趣的事情时随时记录。比较方便携带的本子大小有3*5英寸，5*7英寸，8½*11英寸和11*14英寸。设计师倾向使用比较轻的、易于携带的本子。如果能装入口袋或者小背包就最好不过了。可供选择的样式也非常丰富。有些本子像书籍一样，穿孔设计，便于撕取。有的是螺旋装订本，方便查看。其他风格的也以简洁为主，例如在作品展示时使用的、可以放入作品集中的活页文件夹。复印店会将8½*11英寸的复印纸放进塑料封面中，加上透明牛皮纸和背封，制成一本物美价廉的设计日志。设计日志可以在另一本维度表现你的能力，并且为作品展示提供更丰富的内容。

缩略图

由于设计是有趣且时常是自然而然的，一些设计师往往将它们的点子记在任何可以利用的纸张上。随后这些设计图被收入设计日志，附上关于饰品、布料甚至可能穿着的对象的笔记（图5.1）。

设计日志的内容也是非常个性化的，因此可以有各种表现形式。有些设计师将日志弄得满是污点，因为他们

图5.1

由于设计是有趣且时常是自然而然的，一些设计师往往将它们的点子记在任何可以利用的纸张上，例如这张迈克·科尔斯的速写。有关饰品、布料甚至可能穿着的对象的记录也将源源不断地加入。这些速写图用途广泛，例如可以用于确定走秀的顺序，这张图的顺位是17。

此份设计日志由迈克·科尔斯提供。

图5.2

有些设计师将日志弄得满是污点，因为他们从所有事情上吸收创意。这种设计日志显得不太正式，但是价值绝不会因此打折扣，因为它们是记录那些在未来可能发展成设计理念的创意的绝佳方式。

此设计日志由雷纳尔多·A.巴内特提供。

从所有事情上吸收创意。这种设计日志显得不太正式，但是价值绝不会因此打折扣，因为它们是记录那些在未来可能发展成设计理念的创意的绝佳方式（图5.2）。每幅设计图不一定互相关联。不过，一些设计师更喜欢在成熟正式的设计小组中工作，使用同一种颜色和布料发展一整套设计理念（图5.3）。这种方法在为某一季推出一系列不同布料和色彩设计时尤为有效。设计通常成组进行，有的包含两幅图，有的则有二十幅，这完全取决于设计师的偏好。在一组设计中比照相关的设计是加快设计速度的好方法。你可以在不同的创意间自由穿梭，在每一件作品的设计过程中通过加入相似风格的产品和细节来保证设计的连续性。这一工作方法可以避免不断回过头查看早期设计带来的麻烦。

设计日志最常用的姿势是正面像或者四分之三侧视角度，因为这两种角度可以最好地呈现服装的剪裁和细节（图5.4）。由于设计日志中的人物图在尺寸上小于一般作品，你可以通过操作复印机来随意缩小人物图的比例。确保画出的人物比例正确，以达到最佳效果。

图5.3

一些设计师更喜欢在成熟正式的设计小组中工作，使用同一种颜色和布料发展一整套设计理念。为了平衡这组设计，这些专业设计师纳入一系列上衣和下装的速写作品，而设计的连续性则体现在他或她对细节、剪裁和整体设计感的把握上。

此份设计日志由雷纳尔多·A.巴内特提供。

图5.4

设计日志最常用的是正面像或者四分之三侧视角度的人物形象，因为这两种角度可以最好地呈现服装剪裁和细节。

此份设计日志由雷纳尔多·A.巴内特提供。

图5.5a

这些例子展现了最优秀的直接绘图。

此份设计日志由雷纳尔多·A.巴内特提供。

关于使用时尚速写

为了加快绘图速度，有的设计师偏好使用迷你草图和时尚人物模型图。迷你人物图是完成速写的最佳工具，可以帮助设计师更快速地形成创意。作为绘图基础，这些人物图可以贴在设计日志的某一页。一般来说，最先完成的是服装设计，随后是头、手、腿和脚的绘制。设计师一般会按顺序绘图，先完成一张，再转向下一张设计图。这一方法有多种优点。首先，由于每一个创意都是从前一个创意那里来的，这个方法允许设计师不断检视自己的设计流程。并且，由于所有的人物设计图都在一页上，设计师不再需要记住上一个设计。也正是因为这个原因，很多设计师都在复印纸上绘图，最后再粘贴到他们方便保存的位置。最后，由于这种设计都是同等大小的，可以帮助设计师创造一个形式更加规整的展示，避免过分随意。但这并不是说每套设计不能有所强调，只要是有意的便可。

长此以往，不断在设计日志中进行速写将提高你的绘画能力和速度。你练习得越多，你的速写速度就会越快，精确度也会更高。专业人士慢慢会更少地使用速写图，转而使用更加直接的绘图技巧（图5.5）。首先，直接绘图可能会影响设计的统一性，一开始总会有成有败。但如果你一直坚持，总会见成效。

图5.5b

这些例子展现了最优秀的直接绘图。

此份设计日志由雷纳尔多·A.巴内特提供。

视觉效果

　　设计师常常在不同类型的图像、颜色和材质等领域得到启发。这些视觉效果可以来自方方面面：拥有一张绝美容颜或头像的照片；一张明信片的图案；布料或纱线的边角料，甚至那些与时尚和服装毫无联系的材料（图5.6）。因为设计师是非常敏锐的读者，他们永远处在寻找设计材料的状态中。这也时常成为形成新的设计理念的灵感之源。对每个具体的设计项目来说，可以产生启发效果的图像并无固定数量。设计无所不在。每个设计师都有回应刺激源的独特方式。设计日志里包含的一张照片、一小块布料或染料，甚至一颗纽扣或贴上的一片剪裁，都可以成为设计师想象力的来源。

图5.6
设计师不断剪裁出设计参考，这些经常成为灵感的种子，在设计杂志中开始发芽。在这些例子中，照片是设计师想象力的跳板。
图片来自Renaldo A.Barnette杂志。

图5.7
有的人喜欢在日志中直接作画，有的则喜欢把画好的草图贴在日志中。后者有利于在
编辑过程中筛去那些无用的草图。同样可以将草图插入其他的日志。
此份设计日志由陈保罗（Paul Chen）提供。

5.2 技术和展示

设计日志中的纸张多种多样，皆体现出完全不同的
技术选择。如何选择通常取决于设计师的喜好。有的人喜
欢在日志中直接作画，有的则喜欢把画好的草图贴在日志
中。后者有利于在编辑过程中筛去那些无用的草图。同样
的，你可以将草图插入其他的日志来创造一种折叠插页
的效果（图5.7）。为了这个目的，设计师常常使用复印
纸。好处在于评论者不需要回想之前使用的图片，通过当
下页面上的绘图即可了解图片之间的联系。缺点在于过多
的草图会导致日志过于冗长。编排你的设计日志，通过在
每一页放入更多草图的方法来编辑页面。

由于设计日志不仅记录了设计过程，还可能包括品
牌和顾客研究方面的资料，一些设计师选择加入设计流程
图（图5.8）和润色过的设计图（图5.9）。这些资料可以
展现出作者更加多样的绘图能力，从而能够打动面试官。

使用原始绘图，而非照片。原始绘图更加可信、精
细。大多数设计师使用铅笔或马克笔直接绘图。不过技术
层面的问题是非常私人化的选择，完全由设计师决定。保
存你的手写笔记，因为它们有助于面试官了解你的设计过
程（图5.10）。不过还是要删除所有的评分和评估内容。

有些设计师喜欢使用分页纸来区分不同概念。不论
你如何对待这个问题，保证你的绘图本易于理解，使用易

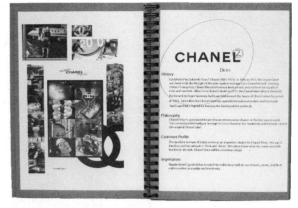

图5.8
由于设计日志记录了设计过程，一些设计师选择加入包含品牌和顾客研究资料的设计
流程图和润色过的设计图。
此份设计日志由尤韦纳尔·洛佩次（Jukenal Lopez）提供。

翻页的纸，以及可以传递你个人时尚嗅觉的装订方法。

将你的设计日志放在作品集的背面，以便在完成作品集的展示之后取出，用来呈现你的设计过程。也可以在你完成每一个设计理念的陈述之后提到这份设计日志。在展示中安排设计日志的方式可以体现出你在设计过程中究竟付出了多少努力。关于最后这个方法，有的设计师会推荐使用那种可以放进作品集活页夹里的设计日志。每种方法都可以使评论人参与进来，从而改变了展示的节奏。一件完美呈现的设计日志是难以被拒绝的。大多数面试官都无法拒绝一件设计日志带来的变化。它也会通过产生问题的方法来打破尴尬，让面试官更好地发掘你的独特技能。

图5.9
这一润色过的展示图受到了经典设计师可可·香奈儿（Coco Chanel）的启发，从一本杂志中剪切而来。这展现出作者更加多样的绘图能力，从而打动了面试官。
展示图由尤韦纳尔·洛佩次设计。

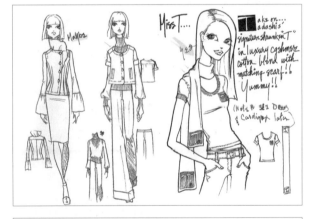

图5.10
手写笔记可以帮助面试官了解你的设计过程，并且会表现设计的即兴和非正式的特点。
此份设计日记由雷纳尔多·A.巴内特提供。

制作个性化的展示

　　为一场面试设计一个与众不同的展示有时可以达成非常良好的效果，甚至帮你得到你所梦想的职位。提前调查一家公司的资料，你会慢慢熟悉该公司的设计样式和定价区间（图5.11）。有的设计师会前往百货商店或专卖店来熟悉某一条时装线的风格。通过杂志和报纸广告学习也是一个好方法。调查结束后，选择一组到几组符合该公司设计需要的作品。根据面试公司的特点来制作展示作品集，这样可以体现你为该公司工作的兴趣和你的快速绘图能力。

图5.11
通过研究一家公司来熟悉其样式和定价区间。这张图是我们为参加拉尔夫·劳伦的面试所准备的设计组图。
设计项目由迈克尔·S.巴特勒提供。

练习一：顾客版设计日志

对于那些刚开始使用设计日志的人来说，你或许希望从尺寸较小的格式开始，例如3*5英寸或4*6英寸。这是顾客版本日志（你也可以自己使用）的最佳尺寸，包含顾客照片和其他一切与顾客的生活方式相关的视觉资料，例如她的住所、休闲活动、爱好、喜爱的颜色、语言表达能力、喜欢的音乐等等（图5.12）。有关顾客类型和档案，参见第三章。这将帮助你识别不同类型的顾客，其中一位可以是你在日志中创造出的人物。

使用你自己的绘图来讲述这些顾客的故事。这些可能会让你的设计看起来想法混乱，也可能画出一些直接抓人眼球的作品。不过这是一本非正式的杂志，所以没有必要依循什么规则。绘图可以是即兴的甚至是潦草的，可以是直接画在本子上的，也可以是贴上去的。手写的笔记将会成为这些视觉资料和绘图的极好补充。完成后的作品应该是丰富的，视觉上应该独属于你和你的顾客。它展现的是你对关于顾客的所有信息所做出的回应，而这些资料又滋养了你的设计过程。

材料建议：

· 设计日志

· 复印纸

· 铅笔

· 马克笔

· 视觉辅助材料（照片、彩色复印件、布料、色彩版、剪裁）

· 橡胶胶水

· 胶棒

· 电脑生成类

图5.12

顾客版本的日记是入门者的最佳选择，对于理解顾客角度的思考非常有帮助。这种非正式的日志可以包括顾客照片和服装喜好。你也可以为图像资料配上自己的设计草图和笔记。

顾客版设计日志由达比·劳伦（Darby Lorents）提供。

练习二：润色设计日志

对设计日记在行的那些人总会希望让这本日记不断"升级"，因而会不断进行润色。可行的方法之一是将你的作品用电脑再制作或者进行彩色复印，随后将剪切下来的内容粘贴到日志中。传统的封皮是弹簧式活页装订的，与设计页一道，可以展现你的专业能力。这种传统剪裁的展示方式通常可以放进作品集中。如果使用标准格式的话，例如11*14英寸或8½*11英寸版面，设计日志可以很容易地带进面试场合。它可以单独放置，也可以和你的作品集结合在一起。

这一过程始于剪裁掉你的非正式日志中的那些不再有用的元素和草图，重新整理设计的"核心"元素。过程步骤如下：

第一阶段

· 选取一个主题或理念。

· 创作顾客特写和照片。

· 研究有启发性的照片、历史参考资料、视觉辅助元素或文学灵感。

· 选择适合的布料和剪裁。

· 创作工作缩略图，用来展示你的主题，并同整个系列相协调。

你的日志所需要的所有元素就此完备。现在你已准备好编辑所有的视觉材料并进行设计，并且为了完成你的日志进行最后的筛选。

第二阶段

· 选可以最好地展现主题的视觉辅助。

· 编辑工作缩略图，减少到20-25幅。

· 每个概念选择六张核心设计（5组的话每组各3幅）。

· 为每一幅设计编辑材料，进行剪裁。

日志内容的选择环节就此结束。

第三阶段

现在你已经准备好编排你的日记了。将入选的照片剪切并粘贴到拼贴画中，以此创造一种基调，并突出你的设计主题。同样的技术还可以使用在顾客档案页面的设计中。可以通过放大、剪切和层次化的方法来创造性地制作相片。可以将透明的牛皮纸置于图片上，附上与主题相应的介绍文字。编辑文字元素可以为你的设计带来另一种维度，并且使你的项目内容更加清晰。对字体、风格和大小的选择将增添图案方面的乐趣和意味（图5.13a和b）。

为日志排版的关键是重新整理设计组，使其与展示过程相呼应。重新排列这些元素的一些方法包括：

· 基调页拼贴（表现整组设计的"感觉"），使用附有文字的透明牛皮纸（图5.13c）。

· 布料、剪裁、色彩样本。

· 根据设计笔记来修改缩略图（20到25张）。

· 加入六张大尺寸的彩色设计图，由缩略图修改而来。（推荐使用马克笔和彩色铅笔，不过可以根据喜好改变表现形式）

按照提及的方法将三到五组设计整理好之后，制作彩色复印版（为了更饱满的效果，最好是双面复印）来润色那些剪裁、拼贴后的元素和布料。可以使用透明牛皮纸或者新型纸张作为一种层次化的工具，并通过增添质感和趣味的方式来重新定义每组设计。使用两张稍大于纸张尺寸的硬纸板，根据内容需求制作成夹层，拿到彩色复印中心进行螺旋装订。装帧之后再往日志封面添加任何你喜欢的装饰。

一份润色过的日志的重要性在于与读者分享你的设计过程，从而理解你是如何设计出特定产品的。一些设计师选择在展示完结作品集后附上他们的设计日志。这时呈现出来的是一份润色、编辑过的，完成度很高的日志（图5.14a和b），其独特形式将会给人留下持久的印象。

材料建议：

· 复印纸（11*17英寸或8½*11英寸）

· 99号纸板（两张）

· 透明度（复印机格式兼容）

· 牛皮纸（复印机格式兼容）

· 马克笔

· 彩色铅笔

· 胶棒或双面胶

· 裁纸刀或剪刀

· 尺子

· 使用电脑对文本和标签进行编辑

图5.13a

将选择好的照片剪切并粘贴制作拼贴画，创造一种基调，强化设计主题。如同这幅受到18世纪风格影响的例子。

设计日志中的拼贴由米歇尔·布鲁萨尔提供。

图5.13b

这幅顾客档案使用了拼贴技术，展现了这件日志所服务的顾客的感觉与气质。注意那些用来体现顾客个性的引文。

顾客档案由米歇尔·布鲁萨尔提供。

caraco
(1780)

...*a short coat or jacket for a woman, usually about waist length...sometimes called à la Créole...*

...a *jacket* based on men's riding dress, worn with a skirt or a man's hat! *sleeves* were tight, with a *strong* decorative cuff...

图5.13c

这是由设计元素和装饰细节的缩略图改编而成的大尺寸的设计图。注意为了突出设计而留出的大面积空白。马克笔和彩色铅笔被用来进行快速打底（上图）。四组设计中每一组的基调页都在日志中得到展现。图片和历史服装的相关定义都是展现这一系列作品的灵感来源的关键元素（下图）。

设计日志由米歇尔·布鲁萨尔提供。

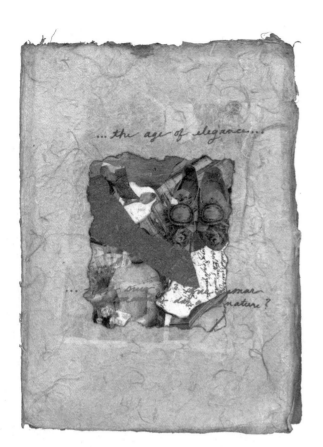

图5.14a
此处呈现的是一份润色、编辑过的，完成度很高的日志。这种饱满的、手工制作的纹理纸，加强了画面中央那包含18世纪元素的小型拼贴画的效果，以及四组设计外的昂贵包装用纸。
作品集封皮由米歇尔·布鲁萨尔提供。

图5.14b
这个口袋中被设计用来装入四组设计，每一组都有独立的文件夹。这些杰出的设计由水彩和彩色铅笔绘制。它们展示的应当是高级女式时装。有些设计师会在面试官看完作品集时拿出设计日志。通过这一方法，面试官可以分享你的设计过程，了解你是如何设计出特定产品的。
作品集展示由米歇尔·布鲁萨尔提供。

展示版式

展示版式包括作品集的形状、尺寸、装订、页面方向、布局、页面数和一般形式或排版。你所选择的展示方法受你的个人偏好、特殊技能以及面试评审的关注点所限。

在决定最适合你的展示版式之前，将你作品的主体内容考虑清楚。比如说，如果你想面试运动服市场的职位，你将需要四到六个设计理念或主题来展示你设计"配合协调的上下装"的能力。相比之下，婚纱和晚礼服市场则更加偏向发展"独一无二"的设计思维。但是由于大多数设计市场的理念都是设计成套的作品，设计者们更倾向于这种形式。因此，作品集或页面形式的选择最终取决于你的设计范畴和作品关注点。

如果你想用已有的作品制作选集，保持你所选版式的一致性。不过，如果你决定采取大胆尝试的方法，推陈出新，你将有机会创造一套阐述你独特设计理念的作品。不管怎么样，发挥你的创造力和想象力。试想，作为一个设计者和富有潜力的应聘者，你多么希望将自己展现给设计界并通过作品表达你想要表达的东西。

作品集编制过程中时要兼顾可行性和创造力。这世上不存在任何一种特定的公式或方法，因为每一个人的需求和水平都是不同的。不过，某些标准还是要考虑的。

6.1 开始

尽管大多数的时尚设计项目都可以用于作品集的制作，但是积极开展其编排的最佳时间还是最后一个学期。这时的你已然具备娴熟的技能和明确的定位。你已经获得了专业技能和时尚意识——因而便有能力来展示自己。一直以来你都在酝酿，等待着一切就绪，现在是时候着手创造你自己独一无二的产品了。

专业人士可以很快地识别作品集是属于一个"流派"，还是来自新手。但是学生们却经常错误地将不同水平的作品放在一起，匆匆拼凑出一个选集，给人留下一种不均衡的印象，造成他人对设计者关注重点、分清主次能力的怀疑。这就顺理成章地解释了为何多数人都是在完成一个项目的过程中提升并最大程度的发挥他们的潜能。之

前学期完成的看起来还不错的项目也许并不能满足你的现行标准。因此，这就意味着你需要为了整体考虑而删掉一些你最爱的作品。不过，你还是可以将一些有价值的早期作品进行优化调整，来达到你的现行标准。最终，赋予你作品集一种始终如一的协调美感，以及均衡的品质保障。

成功作品集的关键在于计划，从选集本身的风格、外表包装开始。对你的选择进行前期调研；选择正确合适的案例和定位（图6.1）将会使你作品得到最佳展现。努力为你的作品增添独到之处，从而使自己脱颖而出。别让作品尺寸过大；那在一个忙碌者的桌上看起来很笨拙，而且对于时尚设计面试，它们毫无疑问会让你显得像个业余者。

确定你作品集的内容范围是计划中很重要的一步。你是否需要创建一个新的选集版式？你现有的作品需要保持一个怎样的版式？你的版式看起来是否符合潮流，而且展示了新兴潮流的意识？你将怎样组织版式的基本"流程"，将会有多少作品或主题？你是否有足够丰富的作品供你应对不同工作的面试？回答这些问题将会帮助你编制出一本重点突出，富有创造力的作品集。

适当在选集内部变换版式来增强其有趣性和多样性。你可以通过变换版式类型和页面数来做到这一点。入门级的作品集应当同时展示出广泛的技能和丰富多样的版式。相比之下，经验丰富的设计师作品便没有这么具体的要求。他们的声誉和可靠的工作业绩是其个人成就的额外证据。这些"证据"通常包含剪报和已出版的作品，附在单独的选集页面中（见第四章）。

版式按如下分类并结合多种设计理念加以呈现，任何版式都可能相互组合使用来展示技能的丰富性和多样性。而你的创造力和想象力将引导你利用这些组合满足设计作品的各种特殊需求。

· 人物版式

· 平面版式

· 展示板格式

· 折叠式插页版式

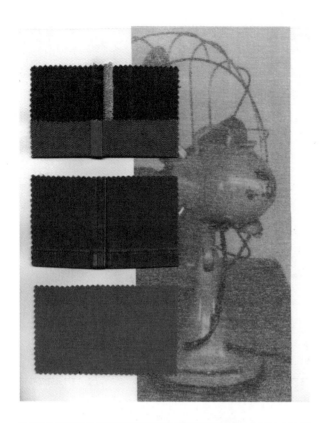

图6.1

垂直/纵向页面。

展示板式来自妮可·本菲尔德。

图6.2

水平/横向页面。

展示板格式来自安娜·基佩尔。

6.2 版式细节

由于第八章将专门介绍展示板格式，这章将主要介绍人物、平面和折叠版式。

你选择的版式应当展示出你的最高水平。如果你的绘画水平突出，则选择一个能够突出这一优势的版式。人物版式和剪切人物版式能够完美展示这一才能。如果面料的艺术表现是你的专长，你应该尽可能地在你的展示中体现出来。高超的渲染技术为任何作品增色并且创造多样性和立体感。

页面方向

版式的第一方面在于选集的排版方向，也就是我们所说的页面方向。我们称竖直设计版式叫作"纵向"页面。这类版式或者以典型的书籍格式呈现，即从左向右依次阅读；或者使用翻转排版，下文会详细描述。

而水平的设计版式则称为"横向"页面，最适用于翻转格式。这样的作品集的打开口是和桌边平行的。并且页面是向上翻转的（图6.2）你所选择的页面方向将取决于最佳样品的方向。

这两种情形中，一致性都是很重要的。这样读者就不必因为页面方向的改变而反复旋转作品集。这会影响到你作品的组织"流程"，并给人留下一种"脱节"的感觉。

页面关系

版式的第二个方面在于页面之间的关系。有时某个设计单元会包含数页，就像基调/布料，时尚图片，还有平面版式。将这些共同安排在选集里，就能很明显看出它们之间的联系。最好将每一套设计的页面数设置成偶数，少至两页多至八页。使用偶数页面可以自动帮助你抵制将两个不同的主题放在对开的双页面上的诱惑。在学生作品集中，这种左右画风完全不相干的情况并非罕见。但是作为读者会默认双页面所展示的是同一个主题（图6.3）。如果页面左右毫无关联，会使作品显得混乱不清，降低其吸引力。另外，当遇到两页以这种方式并排出现时，还需考虑到诸如均衡性、流畅度以及构图特点等设计原则。

平面版式

选集格式中的平面版式因其在工业领域的广泛使用而显得非常重要。许多专家研究证明，如今至少百分之八十的设计图是平面图。然而，你不需要让每一个设计理念都用平面版式呈现，除非你想找一个技术设计员的职位。平面版式特别容易给人无聊和重复的感觉。因此只需完成两张平面版式来展示你的能力和技术即可。许多设计者喜欢将平面版式和他们的人物版式联系在一起，来展示服装比例由具体人物到平面图的转化（图6.4）。展示板格式也是一种极好地展示你平面绘图水平的方式。

图6.3

参观者眼里对开的双页面应属于同一个主题。面料/色彩版式是创建页面关系的一种方法。注意夏装（右）是怎么和裙装（左）设计成相同条纹的，这样就加强了页面之间的联系。

展示版式来自布鲁克·艾瑞德森（Brooke Ahre-ndsen）。

图6.4

许多设计者喜欢将平面版式和他们的人物版式联系在一起，来展示服装比例由具体人物（左上和下方）到平面图（右上）的转化。平面图上的作品要相互分离，因为图片上的服装容易"混成一片"。

展示版式来自布鲁克·艾瑞德森。

人物整合

在所有作品版式中创建强大的页面关系这一点可以通过娴熟的人物整合的能力实现。当你的设计理念包含一批而不是一件服装时，掌握人物组合的效果尤其明显。以下几个因素的运用可以帮助你在两位或以上的人物间创建构图关系（图6.5）。

· 人物头部转向彼此

· 人物身体转向彼此

· 人物（衣物或者身体的某一部位）重叠

最好让人物位置或面部方向朝向"书脊"，因为读者的眼睛总是关注作品的中心，而不是页面的边缘部分。不要让页面左边人物看向页面外的方向，因为参观者的视线会不由自主地被吸引过去。相反的，将人物位置设定在页面右边就会给你更多选择余地：头部可以朝向中间，与页面左边的人物相呼应，或者朝右看向远方，促使读者转向下一组作品的欣赏。因此，你页面人物的头部方向可以很大程度的影响到你页面设计的"流畅度"。

图6.5

多人动态组合中人物头部和身体的位置对设计页面的流畅度影响很大。为了作品"流畅度"和图形构成，应当考虑以下几点：人物头部转向彼此；人物身体转向彼此；人物（衣物或者身体的某一部位）重叠。

展示版式来谭红。

人物版式

人物版式是对一个页面中单张或多张图片进行安排布局的过程。以下是几种动态组合形式：

· 单人版式
· 双人版式
· 三人及多人版式
· 剪切人物版式

单人版式

虽然单人版式在任何设计类别下均可使用，但还是在婚纱、晚礼服、外衣的设计中作用最为明显（图6.6）。这些领域更加偏向以单件商品为导向。相关设计更可能是单独构思而非成组展示，就像运动服。比如说，在婚礼服装中，尽管伴娘服应当配合新娘婚纱设计，但是将两种服装分放在不同页面中以显示其"关联"，而非成组编排在同一张页面中显得更为合适。

另外，当为特殊顾客比如明星设计时，单人版式比较合适，因为它传达给人一种私人定制的感觉，就像这三个身着时尚晚礼服的明星这样：蕾哈娜（Rihanna）穿着由让·保罗·高提耶设计，麦当娜的由克里斯蒂娜·迪奥设计，麦莉·塞勒斯（Miley Cyrus）的由奥斯卡·德·拉伦塔设计（图6.7）。

除了婚纱和晚礼服这两种领域，单人版式的使用不太广泛，因为它不能很好地演绎主题的发展，这在大多数领域都是很重要的。然而，当与多人版式进行组合，单独一个人物的页面置于较大的设计组中会非常的抓人眼球。

人物在页面中的位置一般由被展示的服装类型所决定。比如说，晚礼服或者是婚纱倾向于占用更多的页面空间并且要求放在更为中心的位置。而西装和外套的灵活性比较高。有时你可以让单个人物偏离中心，在图片周围创

图6.6

单人版式在婚纱、晚礼服设计中最受欢迎，因为这些领域强调个性化设计。设计通常补充有照片（右）或者素描（左）装饰图案，来强调某些设计元素，比如说上图中的手绘花卉。

展示版式来自安娜·基佩尔，为玛吉诺里斯时装（Maggie Norris Couture）设计；图片经由玛吉诺里斯时装提供。

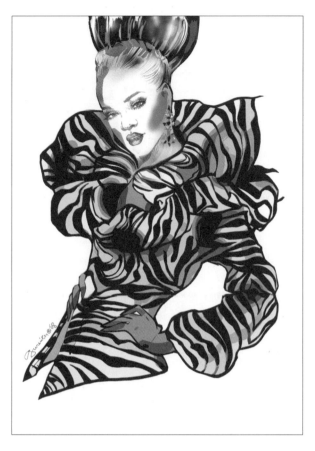

图6.7
当为一个特殊顾客——比如说明星设计时，单人版式比较合适，因为它传达给人一种私人定制的感觉，就像这三个身着时尚晚礼服的明星这样：蕾哈娜的穿着由让·保罗·高提耶设计（左上），麦当娜的由克里斯蒂娜·迪奥设计（右上），麦莉·塞勒斯的由奥斯卡·德·拉伦塔设计（底部）。
展示版式来自雷德·古帆思。

造一种绝妙的形状或留白设计，以达到一种戏剧性的效果（图6.8）。同时要注意的是，大面积的留白朝向书脊方向会吸引走参观者的视线，以至于将他们的注意力从设计本身移开。

　　当使用单人版式时，尽可能多地填充你的页面。别在图片周围留太多空白，这就要求你使用小尺寸的图片。专业的设计师通常会用较大的图片展示他们的设计，因为那样更能形象和动态地展现出服装廓型和细节。不过，如果你更喜欢小尺寸的图片，则采用横向页面的设计，因为横向页面更容易被填满。或者说，如果你本能地倾向于绘制小图，不要勉强自己，可以用复印机放大你的图片。

图6.8
当与多人版式进行组合，单独一个人物的页面（右）置于较大的设计组（左）中会非常的抓人眼球。
展示版式来自莱恩·伍德（Leann Littlewood）。

双人版式

    双人版式最适用于体现服装的和谐美。将两个设计紧挨着放在同一页面中可以立竿见影地体现其联系。（图6.9左）。而当两个页面以左右跨页的方式加以呈现，这种联系就显得更强了（图6.9右）。这种版式在运动服这样重点体现设计协调性且需要元素间丰富的混合搭配的领域中更受青睐。有时服装会被重复使用并与顶部或底部的元素配合来达到一致与和谐。

    当体现某一共同主题时，你也可以在其他设计范畴中使用双人或多人版式。比如说，这组泳装就以透明和简约剪裁为特点共同构成一个主题（图6.10）。同样，特定的花边或裁剪方式也可以在整体上构成一个主题，并合乎逻辑地形成一组版式（图6.11）。

    在双人或多人版式中，总是应该让模特的头部相互看向对方。这样使得设计更加集中并带给人一种彼此联系的感觉。轻微的图片重叠更能加强这一效果，并且深化设计中的和谐美。

图6.9
将两个设计紧挨着放在同一页面中可以立竿见影地体现其联系（左图）。而当两个页面以左右跨页的形式加以展现，这种联系就显得更强了（右图）。同时应注意部分背景元素是怎样通过重复和位置安排加强视觉联系的。
展示板式来自艾维·汤普森（Ivy Thompson）。

图6.10
这组泳装中就以透明和简约剪裁为特点共同构成一个主题。
展示版式来自雷纳尔多·A.巴内特。

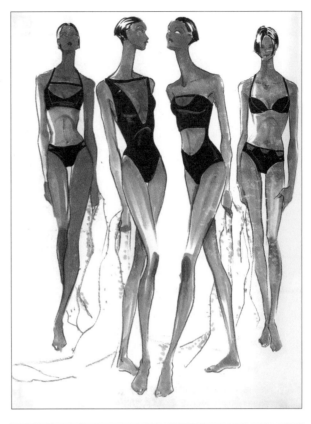

图6.11
通常可以按布料、颜色、裁剪确定统一主题,像这组贴身内衣一样。注意观察这组设
计中的花边和透明的布料是如何展现设计主题的。
展示版式来自安娜·基佩尔。

三人及多人版式

　　三人及多人动态版式最常用在运动服领域，因为它能轻易展现出选集的协调性，因此通常以具有延展性的组合形式出现（图6.12）。不过，这种版式适用于任何设计范畴，只要它不是以单品为导向。多人动态版式对于展示不同主题和设计范畴间的联系是一个极好的载体。视觉上，多人版式显得更为丰富、令人振奋，因为多张图片将页面充实起来，且展现出活跃性。

　　使用装饰性的背景可以提升趣味并增加动态版式的维度。纹理、颜色和图案可以将各种元素统一起来，并将不同设计联系起来。即使是一个简单的形状美观地放置在图片的后面也能增添页面的视觉刺激。

　　当设计者想要展示一套设计系列或者生产线的时候，装饰性的背景会加强这种效果。但是要小心的是，不要让这些背景元素淹没甚至超过设计本身；它们的效果应停留在潜意识层面。图6.13的设计嵌在一个碎花背景中，独特的相互协调的印花布料在透明层的隐映下，使得设计成为了引人注目的焦点。通过这个展示，体现出设计者服装和织物表面设计的能力。

图6.12

多人版式最常用在运动服领域，因为它能轻易展现出选集的协调性，因此通常会以具有延展性的组合形式呈现。这样的版式显得更为丰富、令人振奋，因为多张图片将页面充实起来且展现出活跃性，正如下图的青年运动服系列。注意图片背景一些小道具是怎样强化这一领域的青春朝气的。
展示版式来自大卫·艾里波提（David Aliperti）。

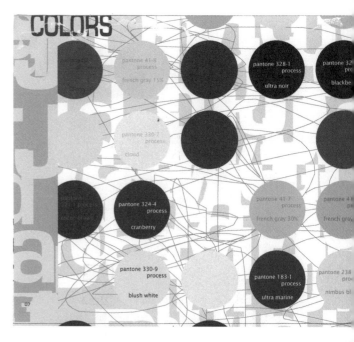

NICOLE BENEFIELD

图6.13
这个案例的设计嵌在碎花背景中，独特的相互协调的印花布料在透明层的隐映下，使得设计成为了引人注目的焦点（右图）。
展示版式来自妮可·本菲尔德。

剪切人物版式

　　剪切人物版式通常在不必要展现全身照时使用，比如说针织衫、贴身衣物或者泳衣。剪切版式是放大服装或某些细节以强调其设计理念的极好的方法。因为这娄服装大多比较小，你可以通过放大剪切图片使它更好更戏剧性的展现。

　　将剪切图片安排在单人或多人动态版式，并且附上较小的全身图（图6.14）以完成引人注目的外观设计。这种版式的主要优势在于突出和强调某些不起眼的小细节，与相机的变焦镜头异曲同工。当使用剪切人物版式时要展现你最佳绘画技能，因为被放大图片会同时将你绘画中的缺陷展露无遗。

图6.14
剪切版式是放大服装或某些细节以强调其设计理念的极好方法。剪切图片通常会附上较小的全身图以完成引人注目的外观设计。
裁切动态版式来自比阿特丽斯·韦莱兹（Beatriz Velez）。

情绪板/主题板版式

情绪板/主题板版式可以用来在展示作品集中的设计组。视觉上应该清晰展现想法或主题，并与全套设计和谐一致（图6.16）。

有时情绪板/主题板版式还会包含一张目标顾客的相片以展示其外表——头发、妆容、饰品等等。这使得读者关注市场并了解顾客类型。比如说如果你在为一个年轻时髦的顾客进行设计，那么顾客照片和服装的设计都应充分反映这一形象。并且确保照片中顾客的穿着属于合适的类型，例如：运动服，晚礼服等等。

是否使用顾客形象是随意的。如果选择了这条路线，请注意不要极端地选择太多的照片，因为这可能会把问题搅乱。

从节省空间的角度出发，在你的情绪板/主题板版式中添加面料和辅料。照片和布料的着色应当尽量和谐，从而构成页面的统一。

通常情况下，你应该为你的情绪板/主题板版式起个标题。它将设计团体的意图传达给读者。同时标题是展示文字能力和为他人留下深刻印象的又一种佳径。仔细检查，确保语法和拼写的准确。标题应该简约，最好使用三个词，甚至更少。

专业的作品集应采用拉突雷塞字体（letra set type）或电脑生成的印刷体（不多于半英寸）。只有你精通书法，才可以使用手写体，并且确保手写体为你的页面增添了情感个人特色。

面料板/色彩板版式

面料板/色彩板版式可单独使用，也可以作为设计组的介绍或是情绪版/主题版的附属。单另分页的目的在于展示出更多更丰富的面料与辅料。这个版式还包括设计组所使用的面料和色彩层次（图6.16）。另外，这还是一个用来突出各种服装细节的地方：像花边、织带、纽扣、系带、特殊拉链，甚至是原版手绘的内饰设计。

先将布料按压并均匀裁剪，整齐利落地在页面上排版。边缘部分剪成锯齿形以防磨损。素色样布的标准尺寸是2x2或3x3英寸，而印花样布在展现重复图案上更大一些。如果你有更大更宽的印花，你也许想要将它变得小点，通过彩色复印让大家看到更多的图案。每种布料和色板都是独特的，应当基于个人选择进行处理。

如果没有你想要的布料，可以通过印刷进行着色或者绘制你自己的布料。粉色彩印纸样例可以增加布料的真实感。如果找不到你需要的彩色面料，可以用当地油漆店的样品来代替纯色布料；墙纸样布可以用印花、条纹等等代替。不过，在作品集中使用漂亮布料是对你有利的，因为它们证明了你的学识和时尚品位。上述替代品只有在你找不到布料来源时才能使用。

你可以随意决定是否为你的面料版/色彩板版式起标题，因为其后的情绪版/主题版版式可能已经有一个标题了。然而，你也许想要给你的面料版/色板一个合理的标注。不需标明年份，只需指出季节，这样可以扩展你版式的应用范围并且防止它过时。鉴定并标注出所有布料，尤其是那些已经经过渲染的布料。这能提升你在特定季节组织和协调布料的能力。

图6.15

面料板/色彩板版式可单独使用，也可以作为全套设计的介绍或是情绪版/主题版的附属。单另分页的目的在于展示出更多更丰富的面料与辅料。这一版式还展现了设计组的面料和色彩层次。

面料版/色彩板版式来自比阿特丽斯·韦莱兹。

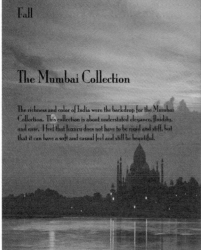

Fall

The Mumbai Collection

The richness and color of India were the backdrop for the Mumbai Collection. This collection is about understated elegance, fluidity, and ease. I feel that luxury does not have to be rigid and stiff, but that it can have a soft and casual feel and still be beautiful.

图6.16
情绪板/主题板版式用来介绍作品集中的设计组。版式在视觉上应该清晰展现主题，并且颜色上与设计和谐一致，因为它们总是同时出现。泰姬陵和日出背景便能完成这一点。
展示版式来自阿特丽斯·韦莱兹。

折叠式插页版式

　　折叠式插页版式通常在面试后使用。如果一个公司有意聘用你，你可能被要求为那家公司制作一个专题，这样便能看到你的设计是否符合他们的观念。你将被问到完成这个项目要花费多长时间。假如在几天之内完成，就可以显示出你快速执行任务的能力以及对这份工作的热忱。公司方可能会给你面料样本，或者让你研究他们某个特定商店并基于研究做出设计。你做出的设计应当在不逐字逐句照抄的前提下反映这家公司的理念和观点。还应该加入你的个人想法和精神并提出全新的方法与观念，这正是他们所寻找的。

　　折叠式插页版式通常由一个情绪版/主题版页面和两三个展示的设计页面组成。这些可能包括多人动态设计或是平面设计，由公司或市场决定。给你的展示作品绘上颜色，因为这将展示你利用面料协调和设计的能力。

　　用胶带小心地将页面边缘连接好，胶带最好和纸张同一颜色。对于折叠式插页版式，胶带应与页面延至同一长度（图6.17）。纸张应当牢固而且好拿。如果你更喜欢用重量轻一些的纸，将你完成的页面嵌在硬纸上。选用合适的粘合剂来保护页面。

　　这些版式对作品集的展示无疑是锦上添花。无论你能否得到这份工作，都要把它们好好保存。你可以将展示作品用在下一次的面试中。公司方总会对这类展示作出积极回应，因为这将是你作为设计者，为本职工作做出的贡献的缩影。

Silk Charmuse "Mac" Shirt under Umber Wool & Satin Jacket

...worn with Silk Velvet Narrow Leg Pant

Booties Velvet w/ Rhinestone Buckles

Feather "Mac" Hat

Felt "Playa" Fedora

Umber Cotton Corduroy Jacket w/ Rhinestone Buttons and Goat Skin Collar over Stretch Cotton Silk Shirt & Tie and Matte Jersey and Satin "Disco" Pant.

Bi-Color Satin "Sling Backs"

Chinchilla "Throw" over Wool "Shark" Suit worn with "Chain Mail" Tie

Velvet & Rhinestone T-Straps

Renaldo Barnette

图6.17（本页和对页图）

折叠式插页版式对作品集的展示无疑是锦上添花。有时候设计者会在展示一个与作品集"观点"不一致的设计组时使用这种版式。而且，如果一个公司有意聘请你，你可能会在面试中被要求展示按照他们"观点"设计的能力。折叠式插页版式通常是完成这项任务的最佳选择。这个案例通过展示设计和设计师笔记来明确细节和布料选择。这里，设计者为某畅销设计师品牌提出一个大都市风格的设计方案。

折叠式插页版式来自雷纳尔多·A.巴内特。

定制展示

定制展示的创作可以有多种原因：比如为了面试，作为补充，用于比赛或竞争。他们可能展示出你别出心裁的设计思维，展示一种与众不同的尤其是作品集中所没有的艺术感，或是定制的展示版式。作品"包装"通常与它的内容一样重要和独特，并且常常以一种戏剧性的方式呈现。比如说，图6.18就被包装在一个手工装订的精装册中，模仿由作者兼插画家爱德华·戈里（Edward Gorey）创作"放大版"的微型故事书。绘图和背景也都以素描风格呈现，灵感源于他协调美观的作品。阴暗的设计氛围，加上注重剪裁、简化线条的设计理念，使得作品自始至终与设计者意图相呼应。

图6.18

这份美国时装设计师协会作品集的设计，旨在对短篇小说家兼插画家爱德华·戈里致敬。作品集标题是"疲倦的道奇"（the Weary Dodger），也就是他名字的回文词。作品包含质感的反差，使用了淡淡的爱德华风格，以及爱德华作品中的某些关键细节，比如条纹围巾。受他的一本微型故事书启发，本作品集中的渲染和背景都以素描风格展现。布料样品被放在书后中空的口袋里。

纽约时装学院比赛作品，由劳拉·布本设计。

练习：两人及多人的组合

用一本时装册或者杂志，选择带有两三张组合图片的照片，然后像照片中一样绘制出其人物组合，这些组合方式已经被摄影师决定好，所以可以节省你斟酌最佳"姿态"的时间。

你可以通过颠倒、镜像等方式变换你的组合安排。你可以先进行描图纸的绘画；然后把纸张翻转过来，从相同的组合得到颠倒的视觉效果。你还可以变换头部和手臂的位置，尤其是在使用双人版式且对对称性要求不高的时候。变换姿态可以增强视觉趣味性并且在展示版式中突出你的绘画水平。能熟练绘出各式各样的姿势，将极好地展现你的绘画专业性。你可以常常从杂志或时装作品集中收集各种人物姿态来添加到你的作品中。

展示版式的有用建议

应该做的

· 使用不同的版式来增加作品集的趣味性和丰富性。

· 变换各页面中设计方案和图片的数量。

· 在整个作品集中保持页面方向的一致性。

· 把涉及相同主题的页面安排在一起。

· 当你需要着重展示某件服装或某个特定细节时，使用剪切人物版式，比如贴身衣物或泳衣。

· 使用与主题或设计范畴直接相关的清晰的照片。

· 标题使用特定字体或者计算机自带的字体并做出与你作品展示相契合的标注。

· 确保所选字体清晰易读。

· 在嵌入之前用齿边布样剪刀或普通剪刀将布样均匀修剪然后熨平。

· 为不同密度的织物选择合适的粘胶（即：一种不会渗漏的粘胶）。

· 为更为有效的折叠式展示选择颜色。

不应做的

· 一页中的设计相互孤立，一味追求"图片精美"而像一个学生作品集。

· 在书脊和单人学生版式图之间使用过多的留白。

· 在双人版式中的图片之间使用过多的留白。

· 多人版式中过多的图片的重叠，遮住了服装和某些特定的细节。

· 情绪板/主题板版式中选图太小显得无足轻重。几张较大的、引人瞩目的照片将是最佳选择。

· 选用与你的设计范畴和主题没有直接联系的照片。比方说，不要在一个运动装主题版式中加入女式晚礼服。

· 作品展示使用手写体——除非你能把它漂亮地完成。

· 给面料板/色彩板版式标注日期。因为给它们标上日期会缩短它们的使用期限。面料版/色彩版页面可以标上季节。

平面款式图
和规格图

为了在如今的职场上得到一份工作，你必须学会做平面款式图和规格图。你的图纸和规格表必须清晰、准确并在每一个细节处做到细致精确。尤其是像运动服市场这样需要大量平面图作品的地方。

精确的带有规格图的平面款式图对于海外服装生产的沟通交流至关重要。规格图被认为是制造商和生产服装的工厂之间的"具有约束力的合同"。今天，几乎所有地区都参与着全球性服装生产，包括美国的东部、中部和南部，东欧，加勒比海盆地和远东地区。

英语是规格表通用语言。然而，在大多数合约生产服装的国家，附有规格图的平面款式图是设计者和生产地的主要交流方法，无论是直接交流还是通过商人、采购方或者中介代理。同样的，规格表必须清晰、准确并在每一个

细节处做到细致精确。每一个设计都应被记录下来，并且压缩进一份表格中，包括生产过程所需的尺寸和所有相关信息。设计图必须要能表现出设计师的比例要求和概念，这一点在设计师不能在场监督首批试样而必须依靠图纸阐述他们观点时显得尤为重要。另外，为了统计服装成本，这些文件需要尽可能地详尽。

规格表必须包括装配说明、技术图解、尺寸标注和缝纫、熨烫、裁割、后期处理、布料选择、修剪、护理、定影的描述性操作指南。通常来说商人们负责生产的后续细节处理。

规格表应该尽可能清晰精确的另一个原因是：首批试样的失败可能造成订单的取消或大幅减少。反复修正样品也会导致生产时间的紧张，若不能按时交货，订单还可能被取消。

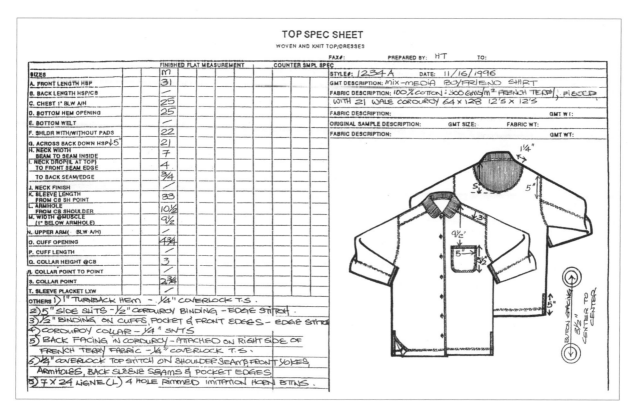

图7.1

上衣规格表。

由谭红制作。

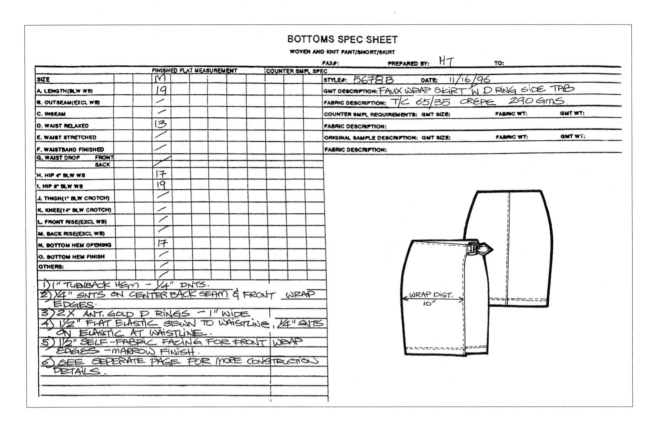

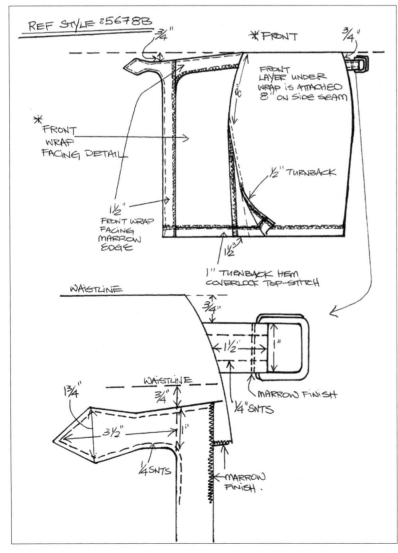

图7.2

下装规格表——多页面版式。

由谭红制作。

公司之间的规格表可能会根据他们的个人需求和偏好而有所不同。有些比其他公司更详尽，仅一件衣服的便从一页到数页不等，这取决于公司所偏好的规格表格式。这些案例（图7.1和7.2）展示出单页和多页面格式的服装规格表。

一部分设计师或专业制表者在利用相关的技术细节制作综合性规格表的责任在于，尽量简洁地沟通设计与制作细节。如果某个特定品牌对剪裁有一定要求——纽扣、拉链或衬布等——这样就可以计算成本并且避免后续价格调整。

规格图上的信息整合要逻辑清晰。从上至下描述服装结构和细节，这让商家在阅读你的说明时能够将它们与图纸系统性地联系起来。这点可以成为商家准备制定服装最初报价时的优势。从上至下描述列举还应让目光在不同设计细节间的"流转"。比如说，描述底边贴边、底边卷边（间线、暗线等等），然后跳转到领口卷边。这种方法同时可以保证所有结构细节都被涵盖。

将重复性的结构描述——像间线和底边贴边——合并到一句话里，以便于理解和节省空间。

- 标准灯箱
- 6英寸和12英寸带图表塑料尺
- 不同大小的曲线板
- 制版的模板：圆形、椭圆
- 橡皮（蓝/白）
- 描图纸
- 修正液/修改笔
- 修正带：1/8英寸和1/4英寸宽
- 削铅笔刀
- 首选2H或3H铅笔
- 冷灰色记号笔，用来画阴影
- 胶片
- Sharpie黑色记号笔（细笔尖适用于勾画轮廓）
- 樱花针管笔（Sakura Micron Pigma markers）08和05（用于服装细节、衣领和口袋）03和02（用于间线和细节）

发展这些技能在其他工作场合也大有作用。比如说，一个商业会议上，在大家讨论设计理念与开发时，速写技能就是你绝佳的资本。一个新想法的出现，通过速写，可以节省时间，并能马上呈递给设计工作室，从而尽快开展工作。

通常情况下，当没有真正的服装时，速写便可作为替代品；速写还可以用来在现有的服装上进行改造与创新。在购物或市场调研中，速写可以为公司节省资金，因为他们可以少买一些样品拿回公司进行设计开发。

几个季度之后，你会积累大量的速写图，而且它们会成为你的设计发展之路上的灵感来源。公司经常重复相同的剪裁或"主体"，并且从中创新。

7.1 平面款式图的绘制

制作美观、比例匀称的平面款式图需要练习。那些经常绘制平面款式图的设计者称，随着时间的推移，他们的技巧更为稳定，执行速度也更快。以下有关平面款式图绘制的练习、技术和清单专为初学者、中级生和更高水平的学生设计。

推荐准备材料：

- 涂布纸或非涂布纸

练习一：提高线条质量

练习徒手画直线，不用尺子将两个点连起来。使用勾线笔画，这样你就不会总想着擦掉。改变两点间距离，每次试着更远一些。差不多把整个页面都画满直线。当你试着体验不同的笔，就会找到你最喜欢的那一支。经过反复练习，你将会有很大进步并且有信心画出高水平的直线。当你掌握这一技能，就会发现这对画出高质最直线有多么珍贵的价值。

练习二：练习曲线

使用曲线模板，观察曲线的弧度和形状并找出你想画的那一种。把模板放在你粗略素描图的上方，然后以模板为指导重新画曲线。经过反复练习，你将熟悉各种尺寸并能判断出哪种尺寸最适合领口、口袋和弧线缝等。这个想法旨在借用工具帮助你达到比徒手练习更为专业的水平。大多数专业人士都会徒手画和借用工具结合来完成平面款式图的绘制。

7.2 平面款式图的创建

平面款式图的创建技术很多。本章将会逐一进行概述。不过，在选择一个具体方法之前，把你自身绘画水平考虑在内。

大多数的初学者都会被绘制平面款式图将要面临的困难吓倒。驱散恐惧的一个方法就是了解并熟悉你需要做到什么，以及最终成品需要到达什么样的标准。多数公司都会提供平面款式图的样品和规格。将这些作为你的指导，直到你感到更加自信。要让自己富于创新精神，并且乐于试验，接受可能发生的事，接触不同的并且值得借鉴学习的平面图风格和技术，即使是作为抵御厌倦的一种方法。在你能力的一步步提升中，你的绘画会变得更加迅速且获得更多自信。随着一次次练习，你的目标、执行力、直线质量、比例分配以及细部图的绘画均会获得极大程度的提高。对创新的渴望会不断地为你的目标注入活力，并让每一段经历都无比值得。

在选择平面图绘画技术之前，明确你的平面图将在哪里使用，将被如何使用。比如说，展示板格式的平面图在渲染和加工、后期整理技巧上与用于生产的平面图就不一样。不过，草图绘制方法基本上是相同的。

有多少设计者，就有多少绘图风格。因此，为你的绘图选择正确的技术这将取决于你的专业度和对方的目标与要求。

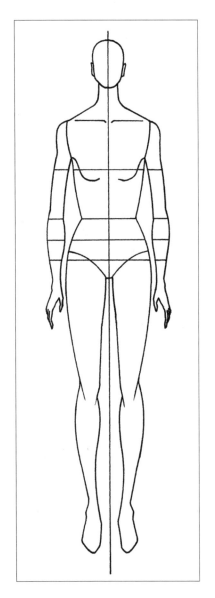

图7.3a

时尚女装设计草图。
由谭红制作。

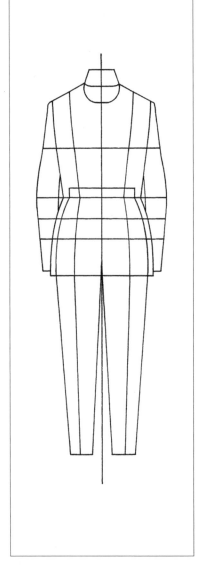

图7.3b

平面廓形设计图。
由谭红制作。

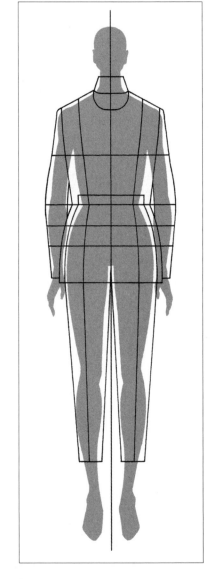

图7.4

草图框架和平面廓形设计的叠加效果。
由谭红制作。

图7.5a
由草图框架绘制出的扭曲失真的套装。
由谭红制作。

图7.5b
由平面廓形图绘制出的正确比例的套装。
由谭红制作。

绘制平面款式图的草图框架

这个方法特别推荐给那些没有或者几乎没有绘制过半面款式图的人。你可以绘制你自己的时装草图并进行研修，或者用你的导师给你的。你还可以放大并复印本书提供的速写图。使用实际尺寸，就像图7.3a，草图框架中人物高度为10个头的长度。在图7.4，你可以看到人物草图框架（图7.3a）和平面廓型设计（图7.3b）的区别。由于人们普遍接受10头身的设计草图，多数人都会犯一个错误：用同样的经过拉长的图片绘制平面款式图。图7.5a向我们展示了因将草图框架拉长而显得扭曲和失真的服装。

正确比例的开襟羊毛衫和裤子（图7.5b）向我们展示出使用新绘制的平面廓型图和采用草图框架有什么不同。对于前者，服装看起来扭曲失真，尤其是身体下半部分和腿部地区。要明确对于任何平面绘图方法，草图是

个"基础"，并且会在收尾阶段"退出"。因此，当你看到已完成的轮廓图有些过于"庞大"，不要惊慌。这种图形最适用于强壮、轮廓明显的服装，而且会收获不错的结果。

提示： 新绘制的平面廓型图（见7.3b）于主视方向是匀称且定位恰当的；正好符合两脚与肩等宽的标准。这张图将被用在对接下来四个基本廓形/形状的介绍中。本书插图将会展示服装从合身到宽松的变化，比较从服装到身体的距离。每种服装类型都会包括衣摆、缝合线、衣领、纽扣、口袋和前中的指导。

你绘制的草图不需要成为一个毫无缺陷的模范稿。而应作为一种指导，帮助你绘成比例恰当的平面图。你可以用铅笔或者细笔尖记号笔，或者任何你认为对你精确作图有必要的参考。不过，最终成品需要包含以下特征，从而与各种各样的服装类型相适应。见图7.6-7.12。

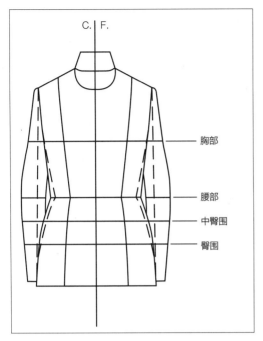

图7.6
上身/合身廓形——植入式袖。手臂方向笔直，如：夹克衫、女式衬衫。
由谭红制作。

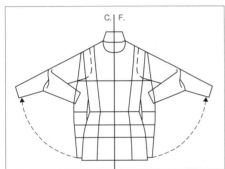

图7.7a
从植入式袖向活络袖转变。由谭红制作。

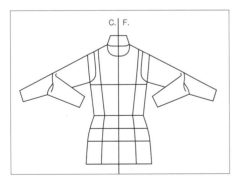

图7.7b
上身/合身廓形——活络袖。当有必要展示衣袖下方细节时，可以将衣袖弯曲。如：夹克衫、外套、T恤衫、女式衬衫。伸直手臂，肩部高举，来展示服装轮廓和腋下设计细节。如：蝙蝠袖长袍、和服以及服装衬料。
由谭红制作。

上身/四方廓形——活络袖。服装是可以在已有的廓形图上进行设计的，像运动衫、外套，或任何宽松的衣服。你的发挥不仅仅局限于这里展示的两条虚线。你可以拓展廓形图中线的长度，或者延展（缩短）服装的长度，也可以改变领圈线。
由谭红制作。

图7.8

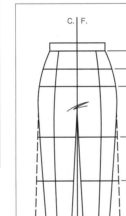

图7.9
长裤/短裤廓形。这款服装来自图7.3b的下半部分。你可以依据这个基础平面廓形图绘制不同的裤装。从长裤或短裤的下臀线开始，画出的线可能与你想的一样又多又挤，要注意保持廓形图中两腿间适中的距离。草图中两脚距离应与肩平齐，不要太张开。这里展示的廓形自动展示出两腿间正确的距离。
由谭红制作。

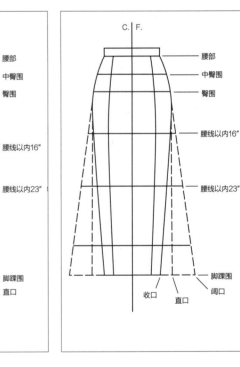

图7.10
裙装廓形。这个修身旗袍裙廓形源自窄版长裤的轮廓，去掉内接缝，外加连续下摆绘制成。像长裤一样，从下臀线开始。当裙装逐渐丰满起来，不要把它两边加宽，而是要展现丰富的褶皱。打板师或布料商会通过你平面图中褶皱的数量来计算服装的宽松程度（见图7.24）。提示：喇叭形裙装需要圆下摆和边缘的圆锥形褶皱。
由谭红制作。

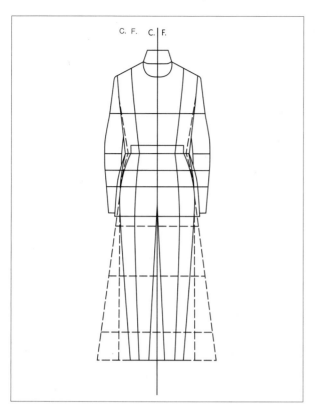
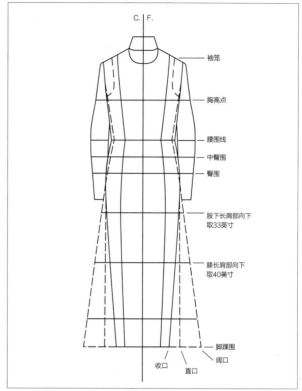

袖笼

胸高点

腰围线

中臀围

臀围

股下长肩部向下
取33英寸

膝长肩部向下
取40英寸

脚踝围

收口　直口　阔口

图7.11

在平面廓型基础上绘制出的裙装廓形。这条裙装廓形臀围稍小一些，这样外面就可以套上夹克衫。关于短裙平面图的相同的指导性原则在这里也适用。手臂位置随意，取决于你的个人偏好。裙装应当配上活络袖，就像蝙蝠袖长袍以及和服。按照相同的步骤可以把植入式袖转换成活络袖。对于无袖长裙，你可以像这张廓型一样在袖孔上独创风格，或者加入更多裁剪或者随心添加一些细节。考虑到袖孔和领口要留有足够的覆盖范围，同时还要注意廓形左右尖端的位置。

由谭红制作。

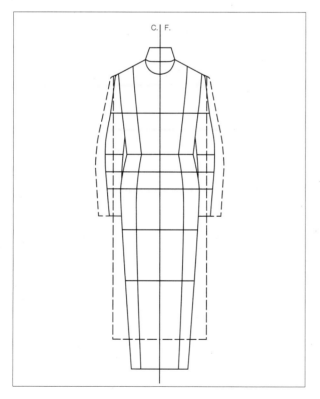
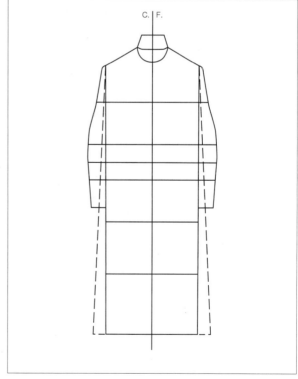

图7.12

外套廓型。裙装廓形可以用来绘制外套廓型。外穿的服装肩线通常较宽，因为夹克衫通常穿在它里面。你可以以这个加宽的肩线为基础将廓形扩展到你想要的长度。这条线应当与中心线平行。如果你想要一个帐篷形的外套，在平面廓形图中将角度放大，左图的外套廓型以虚线的形式覆盖在裙装廓形上，右图则展示出外套廓型的成品。

由谭红制作。

绘制平面款式图的廓型

绘制服装可以在一切透明或半透明的纸，比如描图纸或者复印纸上进行。许多设计者更喜欢复印纸，考虑到它的纸面、洁白度、透明度和进入传真机的敏捷度。尽管一些设计者用铅笔为他们的平面图上色，大多数还是用记号笔来为平面款式图和规格图的展示作准备。这种技术给予服装更多维度的外观并且与白纸形成巨大反差。

标准灯箱可以帮助我们通过复印纸更加清晰地看到服装廓型。在放大到想要的尺寸后，直接将绘制好的廓型放在灯箱上，并在其上放一张干净的复印纸。然后描绘出与你设计相关的廓型和造型线。用平面廓型图上的造型线来协调服装的造型和某些细节（像接缝、口袋、纽扣等）使其更加匀称。你可能需要修改廓型和其他款式细节来创造你自己的设计。

在你草图的收尾阶段，用较粗的记号笔描边或者绘制服装廓型。尽管服装的边线有粗有细，要注意的是粗体边线会在二度创作或制作过程中变细。多数平面绘制技术让我们做的时候偏大一点，然后再缩小。这是因为适当的缩减能使线条更加简洁，提升质量并强化细节。通常来说，较粗的边线更为"流行"，而且在页面中显得尤为突出。

对于服装细节像接缝、暗线、面线等等的描绘，使用细笔尖的记号笔。出于精确和匀称整齐的考虑，使用尺子、曲线板或模板作为辅助。粗细线条的结合可以增加最终成品的立体感和"光彩"。

你可以在没有后视草图的情况下绘制出一个后视图，只需简单修改描绘前视图并转换领口方向及其他细节（图7.13）你可以在前视图完成后，利用一切平面绘图技巧，使用这个方法。在某些作品展示中，同时展示前后视图有助于读者对服装设计全面的理解，尤其是没有现成样品时。后视图通常在服装后面某些细节需要被展现时使用。一致性是很重要的：领口方向、腰线和接缝位置应当与服装正面相符。如果需要任何长度的改变，要保证前后视图同步进行。

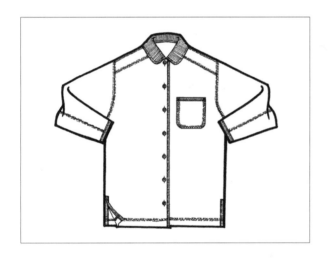
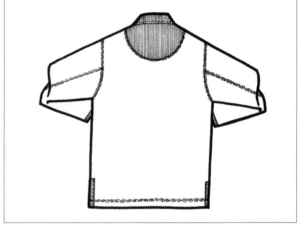
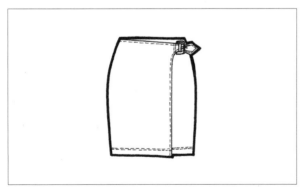
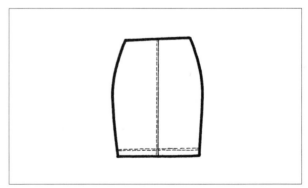

图7.13

在前视图基础上绘制的后视图。

由谭红制作。

贴身衣物廓形

　　贴身衣物廓形特别为内衣/打底衫的展示设计（图7.14a）。比先前提到的几种服装廓型更为重要并且具有更为突出的腰线。而内裤的设计也发展到了其前后不同样式的体现。注意基本文胸和内裤的形状及规格要在表格中直接显示，从而加快设计进程。一般罩杯的线形和接缝都要标明。内裤的廓形应该有三种变化，裤腿口的高度可以相应的增高或降低。另外，在符合服装结构的条件下，你可以修改接缝线来使作品设计更加丰富。如果需要，形式可以多样化，比如设计睡衣裤或者睡袍。

　　这里展示的服装来自于贴身衣物廓形。这五种服装展示出贴身衣物廓形的基本形状（图7.14b）。另外，其余廓形也可以通过这种形式绘制出来，比如紧身胸衣、长带文胸、塑身衣、吊带背心、平角裤/短裤以及肩带式内衣。为获得最佳结果，所有服装应当首先用铅笔绘图。一般方法与本章先前介绍的相同。

　　相比其他类型的平面图，贴身衣物廓形需要更为精湛的绘画水平。注意边线不再像本章之前叙述的使用较粗勾线笔。应当使用樱花牌针管笔05号描画。作为服装的重要特征，拼接细节应使用02号。贴身衣物中的特殊缝合技术都应在拼接细节中显示。比如说，锯齿形虚线代表着两步或三步缝制工艺。单针间面线同样包括其中。有了贴身衣物廓形，服装成品就有了更大变化空间，方法也多种多样，比如双针间面线、折返边线和锁边。

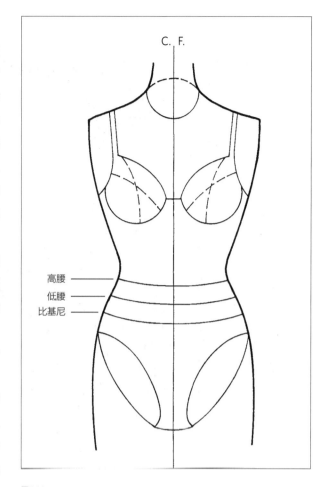

图7.14a
贴身衣物廓形。
由琳达·泰恩制作。

图7.14b
由贴身衣物廓形绘制出
的基本贴身服装。
由谭红制作。

图7.15
针织服装来自平面款式图图库。
由杰弗里·格茨制作。

绘制针织服装的平面款式图

当绘制针织服装的平面展示图，其廓形的基本原则与梭织服装是一样的。但由于织法不同，它们在结构上体现出了一些不同之处；因此，可以减少拼接和缝合。合身的设计穿上后过于紧和贴身。针织衣摆的完成也有所不同，通常是织出螺纹，或者用钩针编织的衣摆，可以通过针织或直接附在服装上（图7.15）。

针织服装的普遍特性

多数毛衣成品都是机器织出来的。通过计量尺寸（松或紧）确定毛衣的外观，而且可以通过调整机器加以控制。细针距通常用于制作贴身的服装，比如说两件套或者上装。而粗针距通常用于制作开衫或套头衫，并且是手工编织而非机器。

· **裁剪及车缝** 通常会把料子织成桶形，布料之间用锁边机缝合。美国的毛衣生产大多采用这种方式。

· **一次成型** 毛衣先针织成型然后连（缝）在一起。这样的服装主要靠海外进口。

·**满分** 的时尚品会体现在针织版面的不同廓形，以及其袖孔、侧缝和领线等细节处。

毛衣的基本针法包括平针织物、反底单边、罗纹织物。这些针法的组合可以构造出各种各样的纹理与图案。其中包括：

· **平针织物**——基本平式针法：正针织第一行然后反针织第二行。绘草图时不加任何纹理（"V"形）

· **反底单边**——与基本平式针法相反。绘图采用波浪线。

· **螺纹织物**——适用于任何形态和不同高度。用在领口、下摆、袖口和前筒，以起到装饰作用。绘图用实线。

· **卷边**——毛衣边缘加工的一种风格，当边缘部分加入卷曲边的时候可以使用。用在领口、下摆和袖口。

· **筒状收口**——改变领口、下摆、袖口以及前筒处的宽度以达成一种干练整洁的效果。

· **花式针法**——平式反式针法的组合变换，在毛衣编织中创造立体的图案效果。一些花式针法如下：

· **缆绳**——一种像绳子一样的图案效果，通常垂直地用在毛衣上。

- **提花织物**——用打孔卡来控制图案的不同用线，从而制作出图案。
- **细木镶嵌工艺**——单色平面编织图案，使正反两侧布料的图案相同。
- **网眼织物**——布料上的网眼通常用漏针织成，这能创造出许多的图案变化。
- **爆米花针法**——看起来就和它的名字一样，可以用作间隔图案或者全身图案。

从图库中获得平面款式图参考

总有一天，一个设计者会制作出各种廓型的作品集，或者只是"主体部分"，然后他或她就可以继续运用这些成品。每个设计者根据需求为自己打造一个自定义的图库，然后把它相应地分解开。以下几个样例：上衣、长裤/短裤、短裙、夹克衫、连衣裙、外衣/夹克/运动服以及贴身服装，都通过他们的共同联系安排在一起（图7.16-7.22）。

你会发现需要修改一个"身体"，例如以前勾画的夹克或衬衫。在选择与想要达到的最终平面相似的图库中的身体或剪影后，请将一张干净的复印纸放在草图上，并使用H系列铅笔追踪下垂。使用尽可能多的线来实现现实主义。跟踪与新设计相同的部分，如剪影、领口和口袋，并添加从原始设计改变设计的新细节（图7.23和7.24）。

当你用粗粗细细的记号笔完成绘画，别忘了擦掉铅笔痕迹。如果擦过的痕迹还是看起来很乱，把它复印一下便可获得瞬间清理的效果。复印之前用修正液或修正带把错话改掉。

如果你想要更快地完成一张草图，不妨复制一张与你预期结果最接近的平面图。用修正液或修正带涂改掉所有没用的线。直接在原图的表面加入线条或者复印出干净的副本再增加细节。后一种方法更值得推荐，因为过度的修改可能会把原图弄得太过粗糙不好着画。

有些设计者直接用记号笔对服装进行修改，而不是先用铅笔。这可能导致平面图乏善可陈，或者不够美观对称，甚至出现线画不直、比例不当的情况。

图7.16
上衣来自平面款式图图库。
由杰弗里·格茨制作。

图7.17
长裤/短裤来自平面款式图图库。
由杰弗里·格茨制作。

图7.18

短裙来自平面款式图图库。

由杰弗里·格茨制作。

图7.19

外衣/夹克来自平面款式图图库。

由杰弗里·格茨制作。

图7.20
连衣裙来自平面款式图图库。
由杰弗里·格茨制作。

图7.21
运动服来自平面款式图图库。
由杰弗里·格茨制作。

图7.22a
贴身胸衣来自平面款式图
图库。
由安娜·基佩尔制作。

图7.22b
睡衣和睡袍来自平面款式图图库。
由安娜·基佩尔制作。

图7.22c
日间装和打底衣来自平
面款式图图库。
由安娜·基佩尔制作。

图7.23
夹克衫来自平面图库。
由谭红制作。

图7.24
在已有平面图基础
上绘制出的短裙。
由谭红制作。

徒手绘制平面款式图

这种方法在设计师中最为常用，当然是建立在相当多的平面图绘制经验之上的。要求设计师具有能够目测服装比例的眼睛和兼具速度与精确度的自信双手。这个水平的设计者通常会总结出他们自己的一套徒手绘制的方法，因此每个设计者手绘的方式之间有很大的不同。

尽可多地使用各种必要的素描画法，拟出服装廓型草图。从上到下从左到右按顺序工作。看看作品是否协调匀称、比例恰当。这个方法与人体素描有几分相似，因为绘画的时候你在探索和估测着最现实、最恰当的比例。在完成令你满意的廓型后，添加细节像口袋、接缝、纽扣、领口等。如果你在为某个相关联的项目绘制一系列的平面图（也就是说，需要配合协调的上衣与下装），以你完成的第一张草图为基础确定其余款式图的尺寸与比例。将第一张图代表的"理念"传递给后面的每一张中，来保证整个一组设计的协调一致性。这一点也适用于服装拉线、阴影描画、图案绘制、轮廓勾画，或者概括来说，用于完成平面图的所有技术。

将Sharpie记号笔或者粗线记号笔用在服装廓型的绘画中。一把尺子、曲线板或者模板可以用在任何存在内线的结构中比如缝合处、口袋、衣领、纽扣等等。这些工具可以让你的平面图显得精致、优美。试着用樱花牌针管笔08和05号为这些细节上色并将樱花03和02号用于面线以及其他微小的细节。用各种各样的记号笔进行试验，从而在服装上制造出折纹效果，添加更为生动的效果。

由于这是一项徒手技能，因此实行起来没有硬性的规定或者速成的方法。你只需学着在流畅度、对称性、比例分配以及细节等方面相信自己的双眼。在这方面达到专业水平需要信心、经验以及数不尽的重复。你可以将不同的技术进行组合从而创造自己独特的画法。其中，发展自身风格的关键环节是接受新材料和新技术。这里展示出四种徒手绘制的服装草图（图7.25）。

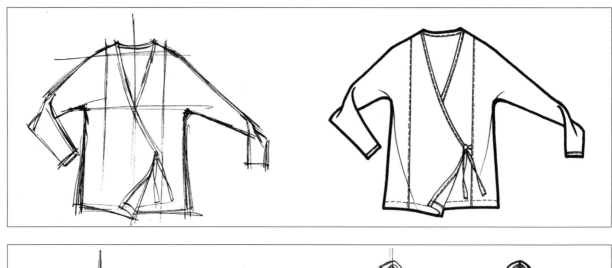

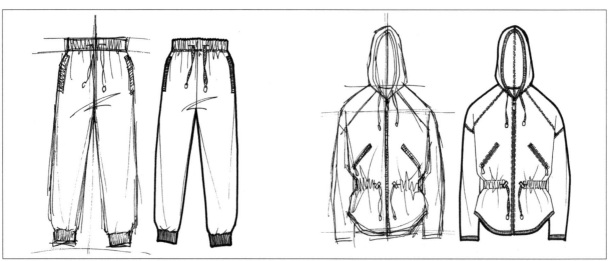

图7.25

徒手绘制出的平面图。

由谭红制作。

7.3 展示品或说明性平面图

　　用在作品集展示、展示板以及平面设计（无人物造型），展示品或说明性平面图应当尽可能逼真，因为服装经常通过这样的草图被卖出去。这可以说是平面草图绘制技术中的精华与巅峰。这里可能会用到艺术天赋，给予设计者绘画时更多方法手段上的自由。根据需要，这些草图可以是黑白的，也可以是彩色的。一定要变换线条的种类以使你的草图更加突出和闪亮。可以用灰色记号笔描画阴影和褶皱部分，从而使服装更加真实与立体。

　　图案通常用来展示服装的纹理和比例；有些设计者通过添加电脑生成的图案以达到整齐一致（图7.26）。对于运动服，作品之间根据其相互关系调整尺寸是非常重要的。

图7.26
利用电脑生成的图案填充平面图。
由杰弗里·格次制作。

7.4 生产用平面图

　　生产用平面图在服装海外生产中是极其重要的。这些草图，附上规格表，被送到制造商那里，要求与展示品或说明性平面图一样精确的比例关系和清晰、平稳的线条。服装细节部分要精致，不留任何含糊不清的地方。设计者的"意图"或看法也必须通过草图传达出来，因为设计者在几千里之外。尽管有规格表辅助，最终还是草图本身更有说服力。因为草图是真正意义上传达给生产者，用来表达柔软度、褶皱程度以及各种装饰的折纹数量。

　　曾经，用方格纸创作生产用平面图是人们常用的方法。但是后来这个方法也暴露出许多问题，因为你必须通过数格子来保证作品对称性。设计者总是沉浸在这个机械化的方法中，导致忽略掉很多重要的技能和作图原则。

　　三种平面款式图中使用的技巧主要取决于设计者的水平与熟练度。所有东西都可以徒手或者在各种尺子与模板的辅助下画出来。更为常见的是，设计者可以将几种方法结合起来。不管你是什么技术水平，都要熟悉每一种基础的平面图绘制技术，因为它们之间是相辅相成的。

平面图绘制的有用建议

平面图来自谭红

Illustrations by Hong Tan

领口/领线

a,b 一定保证前后视图中衣领平行地翻出来。

一定把翻领的下面画出来。

一定把衣领和翻领之间的接缝画出来。

一定让领口线弯曲，无论服装有无翻领存在。

c 作反视图时衣领和领线不要问反方向画。

不要把翻领地底部画到门襟那里去。

不要笔直地画衣领和翻领之间的接缝线。

不要把所有服装的——无论是否带有衣领和翻领——领口形状都拉直。

d 一定让衣领靠近脖子位置。

e 不要让领口开得过大。

不要把领口线后面拉直。

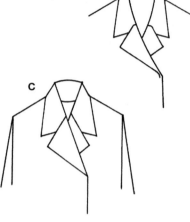
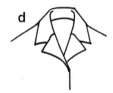
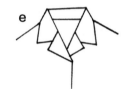

肩斜

a 所有服装肩线一定要倾斜。

一定要画出稍微弯曲的领口线。

一定要画出袖峰。

b 不要让肩线笔直或垂直地画向前中位。

不要笔直地画领口线。

不要把袖峰画得太过扁平。

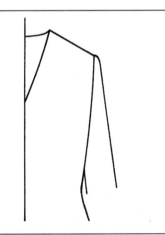
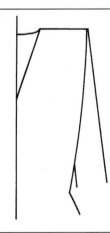

曲袖

a,b 一定把袖底部分折叠过去。

一定要展示出翻折过来一面的布料。折叠位置可以被软化或者用直线画出。

c 折叠部分不要过多。

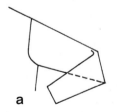
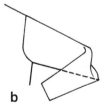
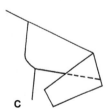

布身/衣袖/腰线

a 一定要在嵌入袖的肘部画出轻微的弧度。

合身服装的腰两边一定要适当留出空白。

b 不要把袖宽轮廓画得太夸张。

不要把服装两侧画成直线。

除非服装有腰缝，否则不需特别标出腰线。

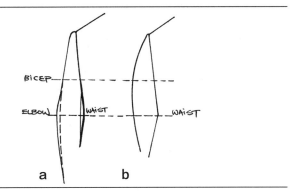

高腰下装

a 一定要在腰线正上或正下方标出腰带高度。

b 束腰部分不要向两边张开。

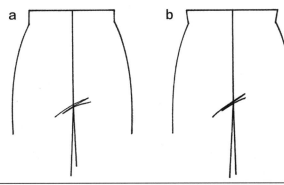

有松紧腰带

a 画松紧带的时候一定要把上面的褶皱画出来。

b 不要笔直地画有松紧的腰带。

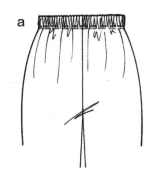
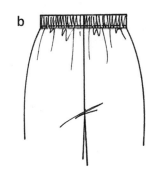

无松紧腰带

a 无松紧腰带的腰线处一定要弯曲。

b 一定不要直直地画一条线代表无松紧腰带。

长裤/短裤

a 两腿距离一定与肩同宽。

对于A字型或外展的廓型，边缝处下边缘要稍微向上弯曲

边缝处一定显示出臀线的弧度。

b 两腿不要张得太开。

不要让下摆笔直穿过A字型或外展廓型的内接和外接缝。

外接缝不能直接从腰线直直地画到下摆处。

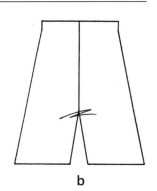

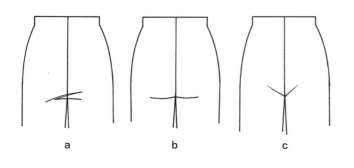

紧身长裤/短裤

a 任何风格的裤子前面的分叉处都要画出"空隙"。

b 只有在展示紧身裤或打底裤的背面时才需要画出其臀形。而对于宽松的裤子来说，只需和前视图一样画出"空隙"即可。

c 前视图臀形不要画成V字型。

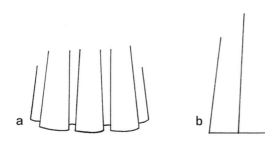

下摆

a 一定要把宽松的服装下摆开口表现出来。

一定把下摆的立体感体现出来（内部和外部）。

b 不要用简单的直线表示带褶的裙摆。

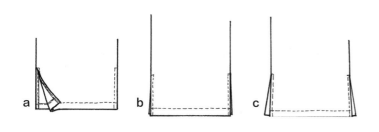

摆衩

a,b 画摆衩的时候一定要把分叉处折叠起来（折叠部分与原来位置相对称）或者逐渐向外翻成一个角度。

c 摆衩外翻的角度不要太夸张。

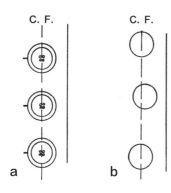

纽扣

a 纽扣之间的距离一定要相等。

一定要把纽扣类型、穿过扣子的线、扣眼等细节画上去，从而使平面图更有空间立体感。

b 不要把纽扣画得偏离前中线。

画纽扣时不要忽略扣眼，除非是工字扣或者按扣。

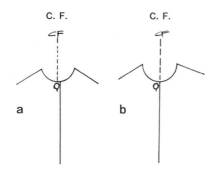

门襟

a 单襟线一定要稍微偏离前中线。

b 门襟线不要与前中线重合（如果那样，扣子位置就要偏离前中了）。

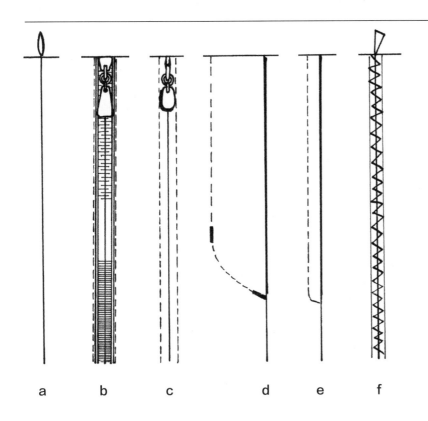

拉链

a 隐形拉链。

b 外露拉链——这里展示的两种链齿都可以。

c 双头拉链。

d 暗门襟，带有轨迹条，用于加固。

e 单面隐蔽门襟拉链。

f 错误的拉链画法。

a　　b　　c　　d　　e　　f

7.5 测量规范

如今的职场中，学会服装规格测量的基本原则至关重要。尤其重要的是测量规范，或者是他们常用的"参数"，这些是设计者与那些生产服装的人之间的交流方法。为了保证生产出的样品正确，测量参数需要尽可能完整和精确。

不管是设计师还是"技术人员"都有责任为产品制定规格。尽管人与人、公司与公司之间的测量方法不尽相同，但服装与服装之间的一致性都是很重要的。我们应该通过在规格表或者草图本身标注测量内容来达到作品一致性。

尽管设计师对自己想要什么有着清晰的认识，但将这些转化成数字又是另一码事。通常设计者会去商店找和他目标接近的规格。或者，他们可能以公司的服装资源库或先前用过的生产开发规格为参考。经过练习，你将会在形形色色的廓型和尺寸类型面前，胸有成竹地目测出正确的数字/规格，从而达到想要的效果。

学习规格表的制定也许没有一些人想的那么神秘。反复的使用规格表减免了记忆的麻烦，因为上面明确写着

各种测量方法和测量对象。以下几点，在你测量或者为服装制定规格表时应当作为基础时刻记在心里。

常规方法

服装摆放位置：所有测量都要将服装平展放在光滑表面上进行。

测量规范：所有测量通常指的是宽度（而不是周长）。

有缝高肩点：对于服装平面，高肩点处是服装正反接缝线在脖颈或衣领周围结合的地方。

无缝高肩点：如果服装和衣袖别在一起，肩线平滑，高肩点是脖颈或衣领周围最高的地方。

假想线：对于服装平面，假想线是左高肩点到右高肩点之间的一条直线。

服装左侧：为了取得不同测量方法的一致性，默认测量服装的左侧。正面：右侧（服装的左侧）；反面：左侧（服装的右侧）

注意：在设计图中，字母对应不同位置的测量值。此处有意忽略了一些测量规范，主要为了服装设计和范畴的多样性。这些均由不同公司个别地决定。

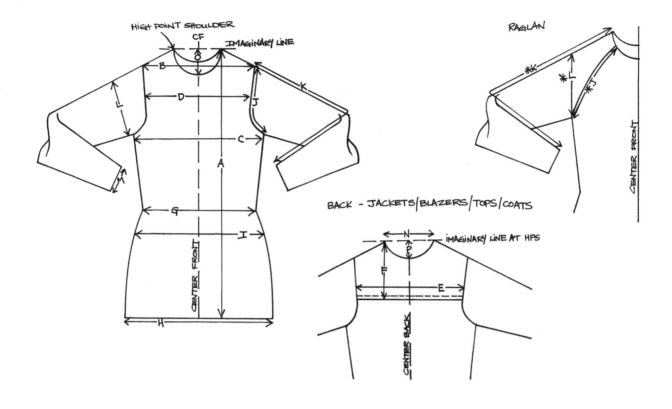

上衣/夹克/布雷泽夹克/外套的测量

A　身长： 正面测量，从高肩点到下摆边缘，再平行地测量前中。

B　过肩跨肩测量： 背面测量，沿着自然肩线从腋下接缝到腋下接缝。

B　不过肩跨肩测量： 背面测量，沿着自然肩线从腋下接缝到腋下接缝。

C　胸宽： 服装完全打开，边到边测量腋下1英寸。对于德尔曼袖，从高肩点测量＿＿英寸，然后边到边笔直穿过。

D　胸围： 从高肩点测量＿＿英寸，然后正面从腋下接缝到另一边腋下接缝笔直穿过。

E　背宽： 从高肩点测量＿＿英寸，然后反面从腋下接缝到另一边腋下接缝笔直穿过。

F　后过肩高： 测量从高肩点到背面过肩缝。

G　腰阔： 找到腰部最窄处的一个点，测量高肩点下＿＿英寸。然后边到边笔直穿过。

H　下装开口度： 边到边笔直穿过底部；衬衣下摆或者边衩。

I　上臀宽： 从高肩点往下测量＿＿英寸；边到边笔直穿过。

J　腋下， 装袖沿着腋下接缝线，从肩膀的一边到边缘线的一边。后腋下接缝线应在前接缝线之下。

J'　腋下， 插肩/鞍从背中缝到腋下接缝线斜角测量。

K　从腋下测袖长： 从袖口边缘到腋下测量，从上装边缘缝合处开始。

K'　从有缝高肩点测袖长： 从袖口边缘到高肩点测量，沿着袖口和肩膀的坡度。

L　袖笼宽： 从腋下测量1英寸，边到边，和袖口平行。

L'　袖笼宽，德尔曼袖： 沿着肩线从高肩点测量＿＿英寸。从这点开始，大约旋转90度（从肩膀竖直一边开始）直到与袖口平行。

M　袖口： 沿着袖口向腋下测量。

N　颈宽： 从肩接缝线到另一边肩接缝线：背面，从左高肩点到右高肩点笔直测量。

O　前领深： 从后中假想线到前中衣领缝合线。

P　后领深： 从后中假想线到后中衣领缝合线。

两片式领

Q **领圈开襟：** 将领口解开平放，沿着领圈中心从扣眼外边缘到纽扣正中的部分测量，始终沿领口轮廓线测量。

R **领圈高度：** 从脖颈接缝到后中领口接缝测量。

S **领尖：** 从领口接缝到领口外边缘，沿着领尖边缘测量。

T **领长：** 沿着领尖边缘从领口一头到另一头测量。

U **后领高：** 从脖颈接缝线到后中领口上边缘测量。

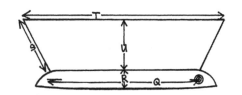

折边宽度

V1 **折边宽度，缺角西装领服装：** 从较低缺角点到衣领测量（衣领垂直折向前中）。

V2 **折边宽度，无缺角领服装：** 测量衣领最宽点：从衣领到前中（衣领垂直折向领口边缘）。

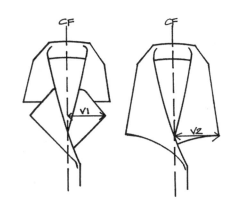

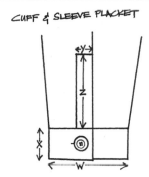

袖口和袖衩

W **袖衩：** 将袖口解开平放，从扣眼外边缘到扣中心测量。

X **袖口高度：** 从袖口接缝线到袖口下边缘测量。

Y **袖衩宽度：** 从开襟边缘到袖衩边缘水平测量。

Z **袖衩长度：** 从袖衩顶端到底边接缝线测量。

夹克/布雷泽夹克/上衣/外套的口袋位置

口袋位置： 从高肩点到口袋上边缘、从前中到口袋边缘测量。

口袋高度： 在口袋中心从上边缘到下边缘测量。

口袋宽度： 在口袋上边缘从左到右水平测量。

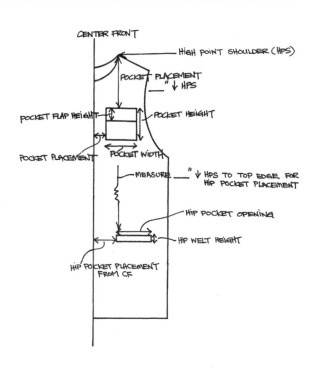

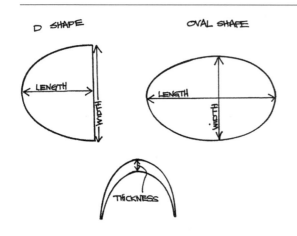

垫肩位置

垫肩长度： 沿着垫肩顶部曲线边到边测量，包括表面。

垫肩宽度： 在垫肩的上表面，测量两边之间最宽部分，包括表面。

垫肩厚度： 从上到下竖直测量最厚的地方。如果有必要，把垫肩最厚的地方裁下来。

垫肩位置： 从靠近脖子的一边或接缝线到垫肩边缘或垫肩表面。

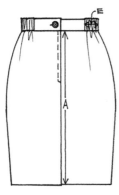

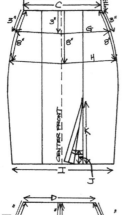

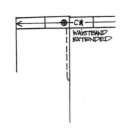

短裙的测量

A　短裙长度： 带腰带服装：从腰带接缝线到后中下边缘。（带腰带风格的服装只从后中测量。）

B　短裙长度： 无腰带服装：从前中上边缘到下边缘测量。（无腰带风格的服装只从前中测量。）

C　松弛腰阔，有腰带服装（刚性弹性腰带）： 松弛状态下，左边缘到右边缘穿过腰带中线测量。

C'　伸展腰阔，带松紧腰带服装： 充分伸展，穿过腰带中线测量，从左边缘到右边缘。

D　腰阔，无腰带服装： 沿着前后腰线边缘测量。

E　弹性腰阔，带部分松紧的服装： 松弛状态下，从左接缝到右接缝穿过弹性腰带中线测量。

F　腰带高度： 从腰带上边缘到腰带接缝处测量。

G　上臀围，带腰带服装： 用三点法测量：标记前中腰缝线以下3英寸以及服装各边腰缝线以下3英寸。用三点法从两边之间测量褶缝收起时的臀围。

上臀围，无腰带服装： 用三点法测量：标记前中上边缘尺寸以及服装各边上边缘尺寸。用三点法从两边之间测量褶缝收起时的臀围。

H　下臀围，有腰带服装： 用三点法测量：标记前中腰缝线以下8英寸以及服装各边腰缝线以下8英寸。沿着边缘完全展开进行测量，以三点法为指导。（对于小号尺寸，测量腰线以下7英寸）

下臀围，无腰带服装： 标记前中上边缘英寸以及服装各边上边缘英寸。用三点法，完全展开，沿两边之间测量。

I　下开襟，窄下摆裙： 直接将开叉抚平沿着下摆边缘测量。

下开襟，宽下摆裙： 将下边缘对齐，沿着下摆轮廓线完全展开进行测量。

下开襟，百褶裙： 将开叉抚平沿着下边缘测量。记录数字、宽度以及褶缝深度。

J　下摆高： 从下摆线到下边缘进行测量（包括边饰）。

K　开叉/裂口高： 在最高点测量实际开口深度。

长裤与短裤的测量：腰围

A　**松弛腰阔，带腰带服装（无弹性腰带）：** 松弛状态下，穿过腰带中线在两边之间测量。

B　**弹性腰阔，带部分松紧的服装：** 从左接缝到右接缝穿过弹性腰带中线测量。

C　**腰带高度：** 从腰带上边缘到腰带接缝线测量。

D　**上臀围，带腰带服装：** 用三点法测量：标记前中腰缝线以下3英寸以及服装各边腰缝线以下3英寸。用三点法从两边之间测量褶缝收起时的臀围。

　　上臀围，无腰带服装：（见短裙测量部分，上臀围测量G）。

E　**下臀围，有腰带服装：** 用三点法测量：标记前中腰缝线以下8英寸以及服装各边腰缝线以下8英寸。沿着边缘完全展开进行测量，以三点法为指导（对于小号尺寸，腰线以下测量7英寸）。

　　下臀围，无腰带服装：（见短裙测量部分，下臀围测量H）。

长裤与短裤的测量：裤裆与裤腿

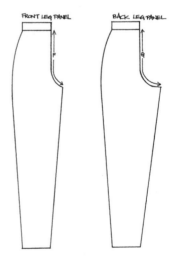

F　**前裆，带腰带服装：** 将服装平展放置，这样前裆线从腰带接缝线到裤裆接缝线都是平的。从裆缝线到腰带接缝线测量。（小心不要拉扯到接缝线）。

　　前裆，无腰带服装： 将服装平展放置，这样前裆线从腰线上部到裤裆接缝线都是平的。从裆缝线到腰线上部测量。（小心不要拉扯到接缝线）。

G　**后裆，带腰带服装：** 将服装平展放置，这样后裆线从腰带接缝线到裤裆接缝线都是平的。从裆缝线到腰带接缝线测量。（小心不要拉扯到接缝线）。

　　后裆，无腰带服装： 将服装平展放置，这样前裆线从腰线上部到裤裆接缝线都是平的。从裆缝线到腰线上部测量。（小心不要拉扯到接缝线）。

H　**大腿：** 将裤腿内缝线和外缝线对齐测量。测量裤裆线以下1英寸，与裤脚线平行的两边之间的宽度。

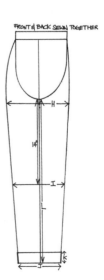

I　**膝盖：** 将裤腿内缝线和外缝线对齐测量。对于中号尺寸，测量裆缝线以下数14英寸；对于小号尺寸，测量裆缝线以下数13英寸。然后，测量两边之间。

J　**裤脚口：** 将内缝线和外缝线对齐，从裤脚上边缘测量。

K　**裤脚高度：** 从裤脚上边缘到下边缘测量。

L　**内缝：** 从裆缝线到腿内侧下边缘接缝线测量。

M　**外缝，带腰带服装：** 将前后嵌料放在一起。从腰带接缝线到下边缘，沿接缝轨迹测量（见先前展示）。

裤装与短裤的测量：口袋与褶裥

       外接缝，无腰带服装：将前后嵌料放在一起。沿接缝轨迹从上边缘到下边缘测量。（测量内接缝或者外接缝，不要同时测量。）

N   **开襟，前/后/侧边：**测量实际开口深度。

O   **前口袋开襟：**测量实际开口深度。

P   **前口袋与腰线距离：**从腰线边缘或接缝处到口袋的上（或下）开口处测量（取决于口袋风格）。

Q   **前口袋与侧边缝距离：**从侧缝线到口袋开襟与腰线边缘或接缝处平行测量。

R   **后口袋与腰线距离：**从腰线边缘或接缝处到口袋开襟顶端测量。对于角落处的口袋，量到顶部最低点。

S   **后口袋与侧边缝距离：**对口袋上边缘与腰线边缘或接缝处平行测量。

T   **口袋高度：**在口袋中心从上至下竖直测量。

U   **口袋宽度：**在口袋上部两边之间平行测量。

V   **裤褶深度：**将卷尺放在裤褶内，从外部折叠褶到内部折叠褶测量。

W   **裤褶宽度：**测量第一处裤褶到第二处裤褶之间的距离。

X   **双缝线：**从腰线接缝到双缝线末端测量。

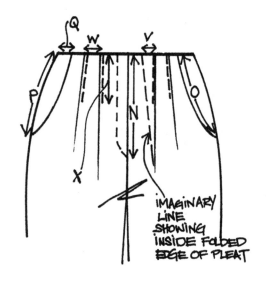
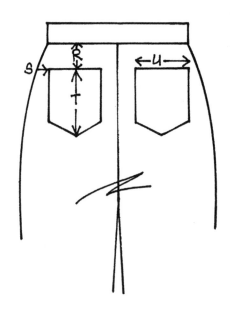

腰带与腰带袢

　　带袢长度： 从一端到另一端垂直测量，包括重叠部分。

　　带袢宽度： 在最宽点从一边到另一边水平测量。

　　腰带长度： 1.从末尾（包括带扣）到洞眼测量；2.从一端到另一端测量（包括带扣）。

　　腰带宽度： 从腰带上边缘到下边缘测量。

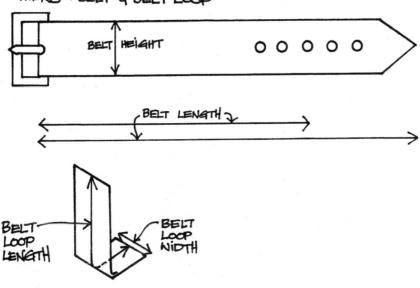

裙装的测量

裙装的测量和上衣本质上是相同的——除了一些参考点比如腰线、上臀部以及下臀部。这些测量都以高肩点为准。服装长度也是由高肩点算起。

裙装测量的参考点根据尺寸类别分为小号、中号以及大号。上衣和夹克衫也是。这部分测量方法和草图绘制参见Missy尺寸类型。

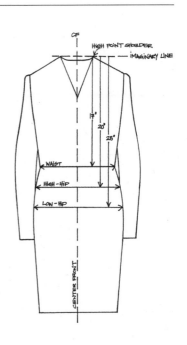

BELSTAFF

HIL'S

&Angels

展示板

在时尚界，展示板对于销售和交流创意具有很大作用。懂得如何制作展示板的申请人在就业市场中具有明显优势。

由于大多数公司面向不同的商家，因此他们需要一种行之有效的方法来展示理念和布料选择。展示板是相当划算的，因为各种服饰精品可以被详尽且直观地展现出来，而不用任何花费成本制作样品。

当公司为某特定商店设计产品时，使用展示板还可以显示其灵活性。通过展示板，购买者可以提前看见面料，并和制造方团队讨论"布身"。这样，当公司为购买者做好正式展示板时，他们已经大概了解成品会是什么样——如果有必要，临时修改也是可以的。

表现作品集中的展示板可以传达出一种组织感和整洁度，这正是这种工作所需要的。创作这些展示板用到的方法可以不同，取决于其类型和目标。一般来说，展示板包括具有相同主题或工艺的材料或者元素。一些主要由图片和布料组成，而另一些则包含着设计草图，由人物图或平面图所表现。

杰出的绘画技能对于原始设计展示非常重要。然而对展示板的创作来说，由于对技能的要求和目标多种多样，时尚设计或者销售申请人工作需要具备其中一些甚至所有的技能。由于展示板在业界的广泛运用，一些公司还在寻找相关专业人士制作展示板。

8.1 展示板的类型

概念板

现如今，大多数公司都使在用某些形式的展示板，从而销售并发展他们的设计产品。在完成有关设计灵感和面料采购的调查之后，设计者们可以瞄准当季精品设计的核心主题与理念。公司创造概念和面料版来表明当季的设计方向（图8.1）。另外，一些公司自主补充购置这些彩色或黑白草图的设计板来展示服装廓型与细节。尽管平面图是展示风格发展的流行方法，许多公司还是会用人物图

展示服装，以起到强调作用。

公司可以创造理念、布料/颜色、设计或顾客板，或者将这些结合起来。其中最不常用的是顾客板，因为顾客形象经常融入其他类型的展示板。不过，公司会在创建新部门以及建立新顾客身份时使用它。

在早期设计中，设计者可能会制作创意板——comps——用来将有关理念和主题的材料汇聚并组织在一起。这些版面没有最终的展示板那么华丽，在技术和设计上趋向于非正式。

最终展示板必须有足够的视觉冲击力，作为一个有说服力的销售工具，还要做到信息量大、毫无瑕疵。参观者必须立即"获取"其中的信息，这点可以通过清晰、极具吸引力的外观设计达到。一双善于布局、不容瑕疵的眼睛可以带来最好的结果。

产品开发

展示板的另一种基本形式是用于产品开发的。按照定义，产品开发是指通过对现有产品某些元素的改变来满足不同客户群的需求。关键理念在于相对于全新设计的部分改变，并且利用商家不同的定价。展示板被广泛地用于制造商和零售商中，以加快产品开发。

公司内部的设计师、自由职业者或者一些专营产品开发的公司会使用这些特殊的展示板。为了处理各种层面的研究开发，相应地需要多技能人才。他们通常是一些拥有至少三到五年行业经历，并对面料/辅料资源有着完备的知识的设计师。他们还是优秀的研究人员，有着一双时尚的眼睛、极好的色彩搭配能力、好的品位以及杰出的绘画技能。他们展示品中的技术都引人注目，而且完美无瑕。这些设计者可能被要求为一些商品创建项目或者设计一整套精品集，以客户需求或他们自己的想法为基准。然后他们将会将每一个设计理念整合到展示板上，附有与主题相关的图片，并提供另一块展示板介绍相同主题的其他服饰。

图8.1

像这些"主题"与设计组合板表现出特定季节的设计方向。灵感源于关于女学生外貌的全球视角，这些展示板有丰富的视觉元素和质感。
主题与设计板来自杰弗里·格茨。

趋势和面料服务

另一种展示板的重要类型是为客户提供趋势和纤维服务。这些板式同时展示出廓型和流行趋势，以及当季流行颜色、面料的潮流趋势，能够提前一到两年。一些服务具体到面料结构并且由一些生产相应面料的公司支持。

根据需求，公司可以购买相关服务及其需要的全部或一部分资料。产品包括颜色和风格上乘的图书以及视觉幻灯片展示。作为幻灯片格式的补充或其中一部分，趋势服务又创造出"主题"板以及面料/色彩板，极富视觉享受（图8.2）。这些板式加强了视觉展示，还帮助设计者理顺并坚持设计方向。

图8.2

每一个季度，趋势服务都会制作展示板，比如这一个，帮助设计者找准颜色和主题方向。"诗情梦境薄纱"的主题灵感源于幻想与自然，并由布料、色彩和照片进行展示。
由多尼格尔集团提供。

8.2 规划展示板

　　不管课题是简是繁，认真的规划是创造专业展示板的关键。许多设计者会制作一个"工作清单"来适应各种各样的主题。下面这个清单行之有效且适用于多数的主题，因为制作的每一个阶段都会推动你的进展，让你获得更强的动力。我们将会依次讨论以下阶段：

- 目的
- 关注点
- 展示板的质量
- 艺术支持
- 视觉元素（摄影和复印/面料/花边/草图）
- 布局
- 工艺和技术（标签/计算机设计/彩色复印机/手工/创建尺寸/维可牢（Velcro）/复制展示板）

目的

　　规划阶段明确自己的目的，可以厘清许多问题。这份作品是否会被用作正式展示？这是一块收集材料用来制作更多正式展示板的复合板吗？需不需要草图？如果需要，应该使用插图，平面图，还是两者都有？需要使用色彩展示设计吗？继续工作之前你可能会问自己一些问题。

关注点

　　展示板的关注点可以指两个明显不同的领域：顾客/市场以及视觉重心。正如你在第三章学到的一样，作品集应该将所有工作重心放在特定的顾客/市场上。理想状况下，展示板与作品集中的作品应当有相同的重心。因为它们是这个整体的一部分，它们内部应当在视觉上和观念上都有所联系。这对作品集的整体性以及专业意识的展现具有重要意义。视觉重心会在本章后面进行讨论。

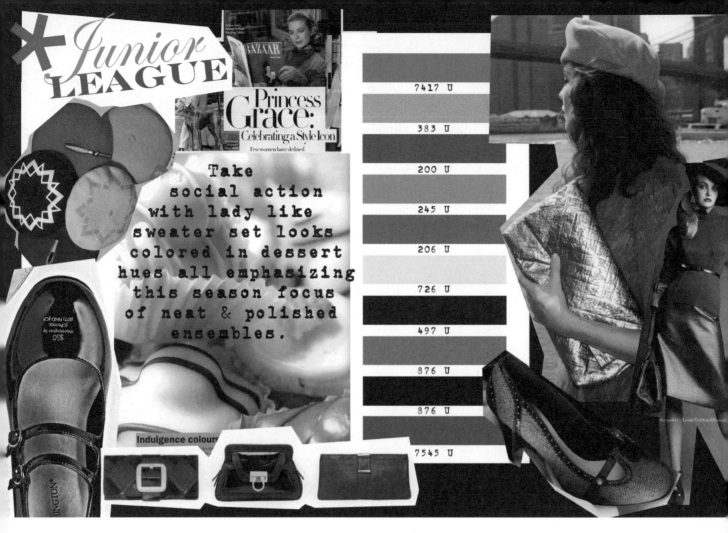

图8.3
单幅展示板通常包含多种元素比如视觉效应、面料/辅料、草图以及色彩设计。展示板的制作一般是团队努力的成果。
展示板来自杰弗里·格茨。

展示板的质量

　　展示板的幅宽可以是单幅，也可以是多幅展示。单幅展示板可用来强调单件或多件服装，并且可能包含多种元素，比如视觉效应、面料/辅料以及草图（图8.3）。由于并不是时尚界的每一个人都以视觉为导向，因此要求你将原始展示中某特定作品重新上色这种情况也是很常见的。单幅展示板可以满足购买者希望看到服装不同颜色效果的需求。

　　多幅展示板一般用在大规模的设计开发项目中，可能包含情绪/主题板、面料/色彩板（这些通常组合起来以直观感受色彩层次），以及草图板（图8.4）。项目的规模、设计数量以及布料选择决定着展示板的质量。公司会花大量的时间在展示板的设计上面并且积极参与，因为他们的目标是"惊艳"购买者并促进销量。

艺术用品

　　制作展示板是一个需要正确材料的专业活动。开始之前，确保你拥有工作所需的一切原材料。制作展示板的基本原料如下：

· 泡沫芯板或班布里奇（Bainbridge）板。
· 不同颜色和质地的装饰纸。
· 厚型垫刀，用以裁切纸板。
· 剪刀和花边剪，用来剪纸和小块布样。
· 可活动的字模与边框。
· 各种黏合剂。

　　由于展示板的制作包含大量的裁剪和粘贴，你将需要各式各样的黏合产品，比如橡胶胶水、可复位喷雾胶、橡胶双面胶、可黏合的转移纸、双面黏附膜、维可牢扣带及涂蜡机。

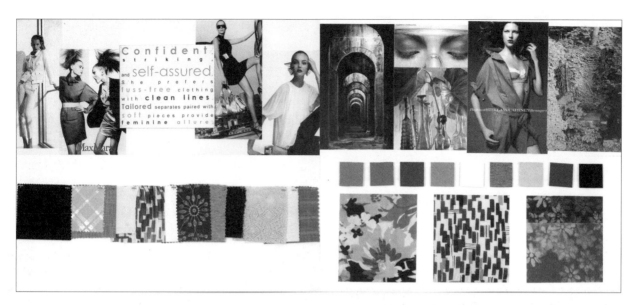

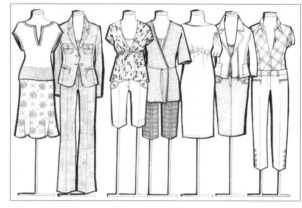

图8.4
多幅展示板一般用在大规模的设计开发项目中。这个系列完整展示出包括设计灵感、
色彩层次、布料以及印花发展在内的理念，并且将设计轮廓通过时装模特展现出来。
项目来自谭红，为丹尼宝文品牌设计。

视觉元素

组成专业展示板的元素，或者说视觉材料，一共有三种基本类型：摄影/复印，面料/辅料，以及草图。

摄影/复印

对于带有情绪/主题板成分的展示板，选择正确的视觉材料极其重要。这些元素传达出你想表达和解释的东西，从而充分体现你的设计理念。有关基本设计原则的知识，比如说空间关系、颜色、形式、明显的尺寸对比以及比例关系，都对视觉材料的选择与排版布局极为重要。

选择与你面料板/色彩板相搭配的照片可以达到更具艺术性的效果，并且增强作品的"流畅度"。由于展示板会在几尺开外被观看，因此上面的图像应当足够大、足够吸引人并给人留下印象。这里你可以尽情展示你的创造力与想象力。

面料/花边

面料是设计过程中至关重要的一步，而且必须被合适地展现出来。将布料逻辑清晰地组织起来可以为你的展示添彩并且明确你的意图。比如说，一些设计者喜欢按照类型和纤维含量为面料分类。其他设计者则喜欢按颜色分类。不管你选择何种方法，保证你作品从头到尾的一致性。按照在设计中出现的顺序放置布料。那些被遮挡住的布料也应当以这种方法展现在展示板中。

只要有可能，就应将布料修剪成一样的大小，印花布除外，因为它们通常需要做得大一些来展示重复图案。尽管最好是花边布料（因为它们防止磨损），但是一些面料还是更适合用钝边，就像那些带有绒毛的布料一样。容易卷的面料，比如说针织物或者平针织物，可以被嵌在一块块玻璃底下隐藏边缘。对于这种布料还有另一种办法，就是把它们粘在一块有黏性的纸上。

饰品，包括饰带、缎带、纽扣以及任何起装饰作用的元素，需要同边角料一起整理和分组。通常，按照在设计中出现顺序展示这些花边可为展示板增加现实性。把扣子缝在衣服上，而不是粘上去，就会看起来精干又专业。如果你想要把自己的花边加到设计上去，就应参照你的手绘样品，展示出灵感来源。

草图

包含草图的版面通常是产品开发展示的一部分。设计者会在需要准确展示不同风格时使用草图。由于购买者实际上是通过这些展示进行选择，因此草图需要在视觉上将服装完美地呈现出来。再多的字面解释也无法替代一幅优秀草图带来的效果。老话说得好："一图胜千言"。

草图板与附加的情绪/主题板通常是分开的。为了显示出创造力与色彩搭配，在这些展示中常常用到平面草图，而且在运动服市场尤其受欢迎（图8.5）。第七章已经讨论过几类制作和渲染平面图的技能。

你可以伴随平面图展示人物草图，以描绘出某类特定的服装。漂亮的绘画是非常有魅力的，而且为作品增添"浪漫"气息。人物草图，常用价格偏高的设计师品牌市场中（图8.6 a和b），在你想要沟通时是不错的选择。这些展示还能显出强大的绘画功底。

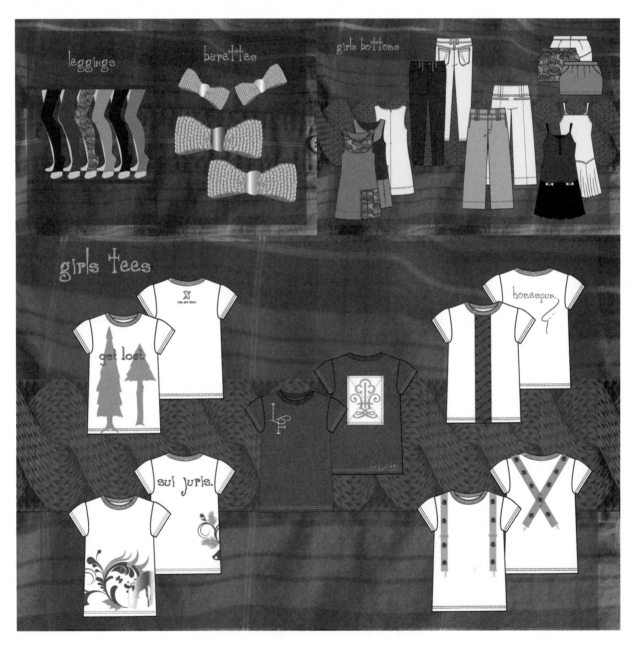

图8.5（本页与对页图）

为了展示协调性和色彩搭配，平面素描在运动服市场中最为常用。有时候其他具有生产许可的产品（比如饰品类）都是成组设计的，就像这个案例。

展示板来自西德尼·L·霍斯（Sidney L Hhawes）。

图8.6a

在某种时尚设计"看起来"需要被直观表达时，常使用人物草图，并且常用在价格偏高的设计师品牌市场中。这些展示板可以显出你强大的绘画功底。

带有人物草图的展示板，来自杰弗里·格茨。

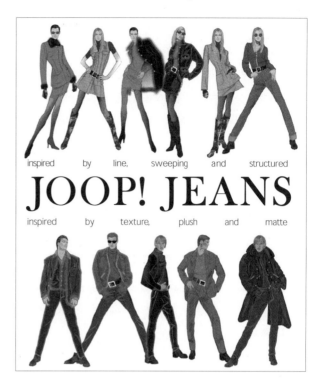

图8.6b

这块贴身衣物展示板来自其中某个图案系列，包括电脑生成的草图和布料，将服装大规模通过动态人物展示有助于联系现实和通感，是这个产品范畴的关键。

展示板由琳达·泰恩演示，为汉佰有限公司设计，巴厘岛（Bali）分公司。

布局

布局安排对于展示板的最终结果至关重要，也是展示板规划的重要一步。简单说，布局就是对展示板各部分的管理安排。你选择的布局安排应当逻辑清晰、外表美观。随意偶然的安排会显得混淆不清、莫名其妙，甚至给人不舒服的感觉。

准备好开始布局之前，你需要买全制作用品，选好视觉资料，并且完成草图。无论你想制作单幅还是多幅展示板，将你的各种元素轻放在板上，试图确定建立平衡和流畅的布局。你还可以将它们轻轻粘上来固定位置。最初的定位帮助你决定尺寸、作品数量、平衡点以及版式的"流程"。当你对布局满意后，用铅笔在每一个元素的边角处做好标记，这样用黏着剂永久固定的时候你就知道该往哪里放。

多数展示板从左到右"阅读"，就像读一本书。因为这是眼睛自然移动的方法，专业展示板设计者喜欢用板面的左上方放置最重要的元素。

工艺和技术

用来制作展示板的工艺和技术以两个因素为基础变化：时间和设备的可及性。工艺的变化可以从剪裁到粘贴、手工绘图和着色、彩色复印以及计算机辅助绘制图表。

多数展示板不是一种，而是多种工艺的结合。原因多种多样，一个说法是展示板总是由不同的个体制作。结合多种工艺的第二个原因是时间限制。有时候几种方法同时使用——作为时间允许范围内的权宜之计。最终，你手头的可用设备将对你的展示板成品造成影响。

标签

为达到专业效果，任何形式的题目或标签都应用机器打印，不管它们有多小。手写体会看起来很业余，而且留给人一种"学校作业"，而非专业水平的感觉。选择正确的大小和字体对于版面设计也是很重要的。

计算机设计

拥有昂贵计算机设备的公司在制作展示板的时候毋庸置疑会充分利用它。服装可以被扫描进去，甚至可以被电脑自动生成。布料也可以被扫描进去，还能修改尺寸、重新着色、调试均衡以及从效果上重新设计。

彩色复印机

更常用的计算机的补充，或者生成一种类似计算机的效果的是彩色复印机。由于这是一种昂贵的设备，一些

负担不起的公司会用像金考快印（kinkos）这样的复印服务。使用计算机或彩色复印机来为展示板生成带有布料的草图，具有明显的速度优势。速度极快，还能省去上色的时间。本章的练习环节将会解释彩色复印机的技术原理。

手工

有些设计师仍然用手工形式绘制草图、渲染布料，通常结合先前讨论过的技术。一些特定的颜色或图案可能无法很好地复印出来，这就要求手工制作。时间限制也会影响对手工的选择。尽管人们更倾向于节省时间的技术，但还是有人倾向于更不"机械化"的手工制品。有关选择与个人偏好，以及对展品要求的标准有关。

确定尺寸

当展示板中某个特定区域需要被强调时，许多设计者喜欢在中心板嵌入一层或多层泡沫芯板。用可复位胶或可黏合转移纸来达到平滑的效果。尺子和美工刀对于创造完美形状具有重要作用。

成形的视觉效果的展现带来了更多的挑战。当粘到泡沫芯板层的时候，它已经被周边曲线裁剪完成。从泡沫芯板中间裁剪非常考验技术。为达到最佳效果，先将泡沫板切入一半（叫做划线），然后返回再切一遍。视觉材料裁剪完毕后，再粘到中心板上。

维可牢

许多专业人士用维可劳扣带或点线来完成作品中所有需要修改的地方，特别是服装草图或边角料上。这些可以被提前嵌在一个坚硬的纸板或泡沫芯板的薄层上，然后便可经常性地改变位置。

复制展示板

由于将展示板带去面试既易损坏又显笨重，许多专业人士更喜欢用他们作品集的复印版，而非冒着损坏原作的风险。复制展示板的花费有所不同，取决于技术方法。一种昂贵的技术（每张大约60美金）需要真正的照片，然后经过扫描保证质量。优点在于这种复制版品质很高，并且展示板可以被放在一张页面。

较经济的一种彩印方法是分成两部分复制然后拼凑在一起。这项技术适合初学者以及那些手头拮据的人。另一种行之有效又较为省钱的方法是制作透明片，每片花费8美金。透明片制作好后，你可以通过它制作放大的彩印版，通常8½×11寸或11×17英寸。这些复印方法色彩保留和辨识度都很高，适合作品集的展示。

练习一："简易五件组"——单幅展示板

单幅展示板的练习旨在将展示板制作的多种部分和技能专业化地结合使用，包括具体地理区域设计、决定客户重心、平面草图/布局，以及使用神秘的彩色复印机或计算机图表（图8.7）。材料花费25到40美金不等，包括彩印的花费。设计组合还需要绘制平面图的相关知识。这章练习可以帮助你做出极好的作品选集，因为这里会着重锻炼几个技能。你所选择的展示板的页面方向应当和你其他的作品集版式一致（即：横向或纵向）。

选择一个至少开放一整个周末的地方，设计出五个相互协调的运动服作品。你的设计应当专注于一类特定的客户和市场，而且从早到晚不管用任何配饰珠宝，都同样适用。为了配合顾客目标和身份，你可能需要实名一家商店并且在展示板上用他们的商标。选择适应当季的布料。选用合适的辅料、扣子以及设计细节，并将这些在展示板中与面料协调起来。

发展阶段

1. 选择度假胜地

你所选择的地方必须能去一个周末。中国和斐济就不用考虑了。

2. 面料的辅料

合适的颜色和织物重量对于你的设计计划是很重要的。比如说，鲜亮的颜色适用于热带气候。尽管中性和深色总被冠上时尚的标签，但要记住鲜艳的色彩更能展示出迷人的设计。选择印花或纹理；然后从印花中选出协调的单色。这将为你的设计组自动创造出自然与协调的美感并帮助你进行色彩搭配。

你将在你的作品中同时展示服装的前后视图（相同大小），加上二到四个色彩搭配。后视图只显示一种颜色搭配，并在前视图中用同样方式安排。并不是所有服装都要展现所有的色彩搭配。决定每种服装颜色搭配的是它们的穿法以及与其他服装的关系。一些人喜欢夹克衫与中厚下装搭配，而其他人则恰恰相反。在设计中你应该总想着尽可能满足更大的客户群。通过制作不同颜色搭配的设计系列，你可以为不同顾客提供更多的选择。

3. 设计平面图

设计一组运动服一般都是先从夹克衫开始的，因为其他部分的比例、上身的领宽都是以它为基础的。从20到30张缩略平面图开始，然后继续编辑出五张来：一件夹克衫、一件衬衣、一件长裤和两件上衣（包括紧身女衫和紧身连衬裤）。为了帮助你协调几件作品，用铅笔在描图纸上按类别画出平面图，也就是：所有夹克衫放在一起，然后是衬衫、长裤等等，单另放在一页。这种方法便于比较比例关系和细节部分。通过将夹克衫以及紧身女衫放在中厚下装上的不同位置，你将会决定好设计的最佳他配效果。

一旦5件主要设计被选定，可选件像背心、连衣裙或外衣添加到你的设计系列中。沙滩巾或者围巾也可也算成饰品而不是某件单品。谨记将所有的单品都放在一起，容易搭配着穿一个星期，而且适合当地的气候。（有关绘制平面草图技术，请参照第七章）。

图8.7

"简易五件组"单幅展示板。这种版式旨在将展示板制作的多种部和技能专业化的结合使用，包括具体地理区域设计，决定客户身份，平面草图/布局，以及神秘的彩色复印机或计算机图表。包含以下元素：度假胜地的视觉材料、平面图（前后视图）、色彩搭配（外加三种协调色的复印），以及标有内容和季度的布料。

展示板来自朝京（Jing Chao）。

4. 为平面图润色

当你编辑好缩略图及简易5件组添加一到两件可选服装，你便可以选择一种技术来对你的平面图做最终加工。辅导员或专业人士可以对你的设计起到帮助。一般来讲，最常用的是对照工艺，以强调鲜明的服装轮廓和细致的内部细节。这能使服装从展示板中"跳出来"，或者说引人注目。不过工艺的选择也可以根据个体与个体、公司与公司之间的不同偏好而改变。（合适的展示板工艺请参见第七章）。

5. 复制面料

在面料复制的准备阶段，为你的平面图制作乙酸纤维副本（任何复印店都有这种特殊材料）。然后把副本放在复印件或厚布上（彩纸也可以）。现在你便有了所选布料服装的复制版（图8.8）。减少使用和布料真实大小一样的复制版。多数复印需要至少三次还原才能达到平面图的正确大小。不过，布料复制还是应以个人为准。有时候为了一个清晰易懂的复制品，需要牺牲正确的大小。

然而，面料复制的过程中可能会改变某些布料的颜色，所以它们不再相互搭配。当这种情况发生时，可以用彩印来复制面料。布料也可以用电脑生成。许多专业人士更喜欢彩印所有展示板的视觉元素，从而达到一种华丽、平衡的外观效果。这同时给他们展列布料提供了多种选择，因为他

们不必再担心粘粘问题以及边缘磨损现象。

6. 选择视觉材料

你需要找到合适的视觉材料与你的色彩层次相协调。选择一到两个非常鲜明的，能够普遍代表你度假胜地的照片。比如说，纽约以其天际线出名，巴黎的埃菲尔铁塔，以及迈阿密海滩的火烈鸟和棕榈树。视觉材料需要瞬间表达出你的意图。小照片在20×30英寸的版面上会极不显眼。因此选择合适尺寸的照片来和你的面料板/色彩板版式协调，并且增加作品的吸引力。

将你的顾客设定为视觉材料之一。读者应当能看到设计与目标顾客的契合

图8.8
在布料复制的准备阶段，将乙酸纤维副本平放在布料的复印件上。用照片或电脑生成的复印件效果完美，将其平展地放在展示板上。
平面图来自杰弗里·格茨。

度。相关材料可以用一个头像来表明顾客类型，或者是顾客全身照，身着服装有着与你的设计属于相同的类型或有着相似的理念。如果你选择了顾客身着其他款式服装的照片，记得将服装部分模糊处理，这样就不会影响到你的设计布局。如果图片恰好有着相似的颜色和风格，那再好不过。合适的顾客形象要强于好几张样例，而且有助于让主题变得更加清晰。

7. 规划布局

当你把所有的视觉材料都展现在了板上，就可以开始规划布局了。你要创造一种契合观看习惯的流畅感。一些专业人士喜欢将作品重点部分安排在左边，因为眼睛的习惯是从左向右看，像在读一本书一样。左上角便是一个摆放重要视觉材料的好地方。

8. 平面图

放置平面图要遵循某个确定的格式。一件服装的前后视图（展示相同色）可以稍微重叠。同样，可以重叠与每件服装颜色相协调的部分。服装可以水平也可以斜角排列。只要有可能，就应将上身与下装上下摆放。不要随机摆放服装，因为这样会将视线吸引到设计之外，而且造成没有必要的视觉移动。

9. 展示小插图

当　件服装拥有特别的细节或处理，我们通常会将这些细节放在小插图中，来为展示板增添光彩。小插图通常是黑白的，为了不和服装设计冲突。一个能起到强调作用又不会让插图"悬浮"在展示板上的流行方法是：用彩色贴边带为图片镶上一层淡淡的边。把小插图和相关服装或服装组合放在一起。

你还可以用细布或其他面料制作小插图，然后把它们粘或缝到展示板上。虽然说这种方法非常有效而且为作品添加了立体感、现实感，但由于时间限制，很少有人这么做。不过对于那些擅做针线活的人，这里是个"炫耀"你的特殊技能的好机会。

10. 面料

为显示布料和颜色的协调性，面料和辅料应当同时出境。不要把你的样布随机铺展层在展示板上。用剪刀或者花剪修剪布料。一些专业人士会在裁剪之前把布料与展示板进行比对，以保证完美的形状。你还可以把布料垫在泡沫芯板之下，开出一块展现它的小窗口。这个办法很适合隐藏边缘部分，而且在多种或堆叠的布料展示中优势明显。将布料郑重地摆在展示板上。将它们立体化处理也是极好的展现方法。

11. 起标题/标签

当所有元素就位，就应该决定标题位置和标签。所有字母都应该打印出来。除非你是个经验丰富的书法家，不然别用于写体——因为那会看起来既不专业又不华丽。一般来说½英寸或¼英寸的字体作为标题已经足够大了。宣传语应当小一点，10或12号的字体就很合适。附录B中艺术用品表包括几种字体选择。喜欢用拉突雷塞（Letra-set）字体的人通常会复印一下他们的标题和宣传语以防止脱落，而不是直接用在展示板上。

12 黏合剂

再往展示板上粘贴之前先用铅笔把位置标记好以保证精确定位。省掉这一步是很有风险的，很可能造成几个小时的无用功。在选用任何黏合剂之前要考虑材料密度。脆弱的布料和纸张应当选用不会渗漏的粘合剂，这样不会弄花你的作品板。这里喷雾黏胶和橡胶黏胶是个不错的选择。喷雾黏胶、脱落型黏胶，以及热蜡胶都是进行大面积粘合工作的极佳选择。

练习二："设计灵感源于艺术"——双幅展示板

几乎每一个季度，设计师们都会集中借鉴一种艺术，以找到作品集中的颜色和面料的灵感（图8.9 a和b）。一些画家的艺术作品最终演变成时尚潮流：马蒂斯、达利（Dali）、克莱（Klee）以及蒙德里安（Mondrain）。不过，由艺术获得灵感的可能性是无限大的。

这章练习激发个人创造力，通过选择艺术家作品并对其进行加工，并从中完成色彩搭配，以完成一组协调一致的设计。为了寻找一件视觉上极具吸引力，又能帮助他们转化成服装的艺术品，博物馆和图书馆都是极好的地方。当选择一件艺术品时，考虑其在设计诠释上对于顾客以及市场的契合度。

使用20英寸×30英寸的泡沫芯板准备这个展示。两块板的页面方向要一致，以达到视觉的兼容性。这个练习也可以使用折叠式插页版式。

版面I — 灵感/顾客

作为一个灵感展示板，这里拥有能够展示你设计要点的视觉元素（见图8.9a）。包括以下几个要素：

· 图画或精细工艺作品（彩印）
· 艺术家姓名
· 顾客形象
· 目标商店

版面II —— 平面图/布料/季节

一块用于展示配套运动服的展示板包含五到七件作品（图8.9b）。每件单品都要同时展示前后视图并且有色彩搭配效果。没有必要展示出每件衣服的全部颜色；以个人为基础评估。这些通常由衣服的穿法所决定。一般

来说，夹克衫与下装（短裙或长裤）会被设计成同种色系，以满足顾客的上下衣搭配要求。同时让那些不喜欢配套服装的顾客也有选择余地。尽管印花布可能不像上衣那么频繁地用在下装，但仍由某个特定季节的流行趋势所决定。换句话说，一个季度看起来"落伍"的印花可能在下一个中变得"热门"。包括以下几个要素：

· 平面图（前后视图）
· 色彩搭配（印色外加三个协调色）
· 标注内容的布料
· 季节（不带具体日期）

回顾先前有关平面图的练习、重制精细工艺品以及黏胶使用法。如果愿意，标出服装简述。你可以用装饰纸

为你的展示添彩，强化设计理念。板上的所有元素都不能和你的设计"冲突"。计划安排所有视觉元素，以达到最佳效果。

当较小规格的展示更为合适时，这个折叠式插页版式是练习2"设计灵感源于艺术"的替代版式。每一"页"或迷你版的大小可以定为11×14英寸，并且在接缝处用"一英寸布卷尺"连在一起。通常还要将装饰纸粘在布卷上面来遮挡连接痕迹，以达到更专业的视觉效果（图8.10a-f）。

图8.9a

这个双幅展示板是一个"设计灵感源于艺术"的案例。第一幅版面包含展示设计偏好的视觉元素，并且包含以下要素：图画或精细工艺作品、艺术家姓名、顾客形象以及目标商店。展示板来自泷泽由纪惠。

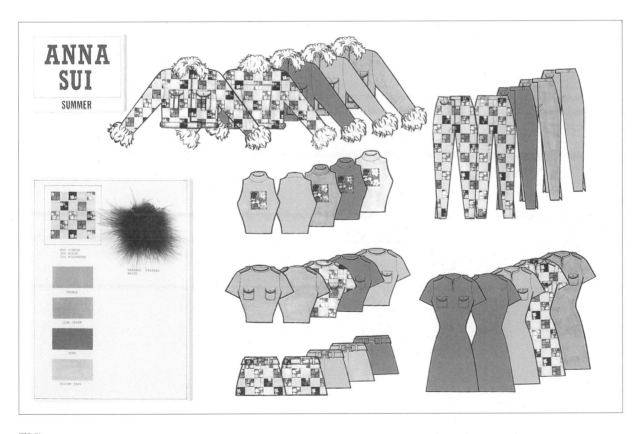

图8.9b

第二幅版面展示出一组配套运动服，包括以下几点要素：平面图（前后视图）、色彩搭配（印花色外加三个协调色）、标注内容的布料和季度（不带具体日期）。展示板来自泷泽由纪惠。

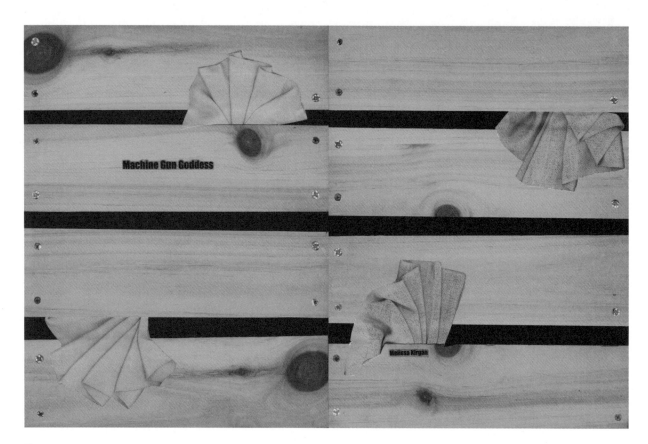

图8.10a

当较小规格的展示更为合适时，这种折叠式插页版式是练习2"设计灵感源于艺术"的替代版式。每一"页"或迷你版的大小为11英寸×14英寸，并且在接缝处用"一英寸布卷尺"连在一起。通常还要将装饰纸粘在布卷上面来遮挡连接痕迹，以达到更专业的视觉效果。

折叠式插页版式来自梅丽莎·凯兰（Melissa Kirgan）。

图8.10b

在这份案例中，前后封面为带有木纹的纸板，并且用折叠布藏进嵌板达到迷惑效果（错觉）。前后封面给人一种自我独立的感觉，可以单独使用或者作为作品集的补充。

图8.10c

内饰板中包含的视觉元素或设计偏好本质上和那些较大的展示板是一样的：图画或精细工艺（作品）、艺术家姓名、顾客形象、目标商店或设计师的名称以及三种颜色搭配。

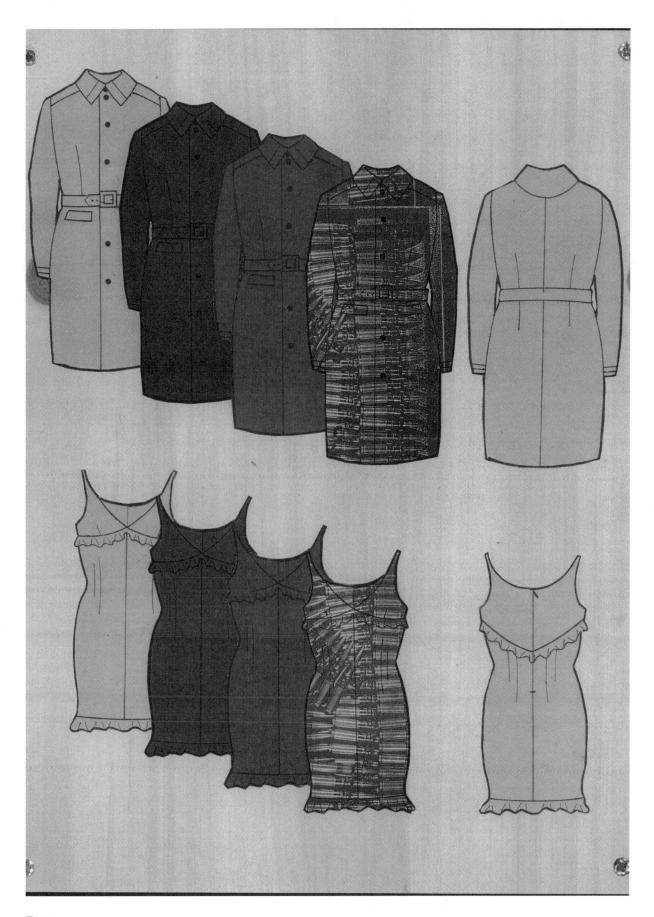

图8.10d

这些中间板展示出一组配套运动服并且包含以下要素：平面图（前后视图）以及颜色搭配（印花色外加三个协调色）。注意平面图中每个角的每件服装是如何摆放整齐的。

男装设计

二十一世纪男装发展的趋势似乎已不单单来自时尚潮流，更多的趋向功能设计，多用途的服装。随着这种趋势的发展，男装将展现出更大的通用性和个性。

男装设计的演变一直沿着一条独有的微妙道路发展。相比之下，女性时装的变化就如变色龙一般，同时变化也更明显。男装设计师当然了解到这一重要区别。男装和女装诠释时尚的方式不同，这也推动了不同领域的相互独立：女性服饰需要在轮廓和比例上不断的推陈出新；男士服装注重对稳重和经典的基本保证。这种不同使得男装的织物更多使用传统图案和编织，并且剪裁变化较少。尽管设计演变缓慢，在过去50年涌现了很多有名的男装设计师，有些因此名声大振。

从最初开始，男装的设计一直影响着女装的设计。军队制服一直是一个设计灵感的来源。20世纪60年代尼赫鲁夹克和毛式夹克是时尚新闻的焦点，并且此后不断重复出现。越野装、牛仔和西南风格影响并成为了拉尔夫·劳伦品牌的一个特有标志。伊夫圣罗兰推出的女士燕尾服——"吸烟装"，逐渐成了主流的订制晚装。1980年代男装的革命设计师乔治·阿玛尼凭借理查·基尔（Richard Gere）在电影《美国舞男》中的服装设计建立了一个更性感，不那么保守的形象，借此为女性设计的"权力套装"帮助女性将平等带入会议室。或许更多的时尚趋势受到男装的影响大过其他影响。男装不断重塑自身，并将触角伸至每个设计市场。

与女装不同，男装通常以不同的生活方式划分其特征，而不是以客户类型。传统上男装注重于西装和定制服装，这在很大程度上是一直是男装行业的支柱，直到20世纪60年代中期，更多休闲和轻松的服饰才走入人们的视野。随着时尚革命的出现，服装要同时服务于商业和休闲活动——同时满足同一个客户不断扩大的需求、水涨船高的购买价位和对设计师的偏好。虽然品牌如箭牌（Arrow）或海瑟薇（hathaway）在行业中已经确立其地位，但设计师品牌却并非如此。这些名字给设计带来了

可信度和信心并且成为了一种得到广泛认可的标志，这些往往是顾客需要的。新的设计师可以达到广告宣传和推销商品的效果。男装开始越来越轻松和多样化，提供了之前完全没有的多种选择。

许多搭配共存，为男性满足了多种生活方式的需要。范围从派瑞·艾力斯（图9.1）的随性休闲装到卡沃利（Cavalli）时髦的周末着装（图9.2）或者提供多种选择的杰尼亚（Zenga）系列（图9.3）。这些都有着一个共识：更多的功能设计、多款式服饰要比时尚潮流更能主导男装在21世纪的发展。随着男性不再以统一规格定制服装，他们开启了更有创造性的穿衣风格。这种改变对于

图9.1

在20世纪90年代，男士服装比以往任何时候都更加轻松和多样化，如派瑞·艾力斯的设计草图所示。

设计草图由仙童出版社提供。

图9.2

许多不同的搭配彼此共存，每套搭配都是为了满足男性多种生活方式的需要。这件毛领大衣搭配拉链牛仔裤来自罗伯特·卡沃利（Roberto Cavalli）2010年秋季系列，是时尚的周末服饰的一个例子。
来自WWD/康泰纳仕出版社。

图9.3

随着男人不再局限于定制传统"制服"，更多的创意在穿衣上得以实现。这是一个来自杰尼亚系列的例子，非常时髦且有多种用途。
来自WWD/康泰纳仕出版社。

一些品牌来说，变成了"周五风格"。男装顾客将会从穿着简单西服逐渐转变到运用复杂的搭配概念。随着这种趋势发展，男装将有更多的功用性和更加丰富的个性。

男装行业分为几个特定领域。大多数公司生产多个特定类别的服装，如男士定制经典及男童服饰。较大的公司通常有很多部门用于制造多种类别服饰，雇用几个设计师或设计团队，每人负责一个或多个部门。此外，公司通常会授权周边产品，可能包括其他领域的设计，如居家装饰，首饰，太阳镜，甚至汽车内饰。

以下是男士服装行业的一些特定的领域：
· 年轻男士

· 男童
· 传统/定制的经典款式
· 现代休闲服/单品
· 运动服
· 晚礼服

男士单品通常按照不同种类或类别进行分类，可以作为单独商品出售或作为整个系列的一部分出售。虽然不仅限于特定的价格，术语"系列"通常标志着更精致，更高价格的产品。大型百货公司的"主层"商品主要是以中等价格为主，以领带，衬衫，内衣等等不同的类别分别展示和销售，这些商品通常展列在位于主要通道的台面上。

图9.4

专业男装作品集通常专注于一个专业领域和"搭配",如传统/定制经典,休闲单品,现代运动服和正式服装。这些设计草图展现了这些类别,并通过计算机技术Illustrator创建了增强效果的手绘草图。

专业领域草图由杰弗里·格茨提供。

这些单品大多采用传统的造型,他们的吸引力来自宣传和大量资金投入的广告。一个例子就是成功的广告大片,其中包括卡尔文·克莱恩内衣广告中无法比拟的男模马奇·马克(Marky Mark)。由于这些单品相似的属性,广告商必须通过广告宣传来竞争销售。而男装已经加入这个竞争舞台。

位于商场主层的几种男装商品或系列分类有:

· 针织/上衣(裁剪和缝制)

· 梭织衬衫

· 下装

· 外套

· 毛衣

自营品牌化是当今所有行业的重要部分,包括男装。有关时尚业务中自营品牌发展和重要趋势的信息,请参阅第三章。这种增长趋势的主要原因之一是自营品牌为零售商带来更大的利润,品牌视为市场份额。

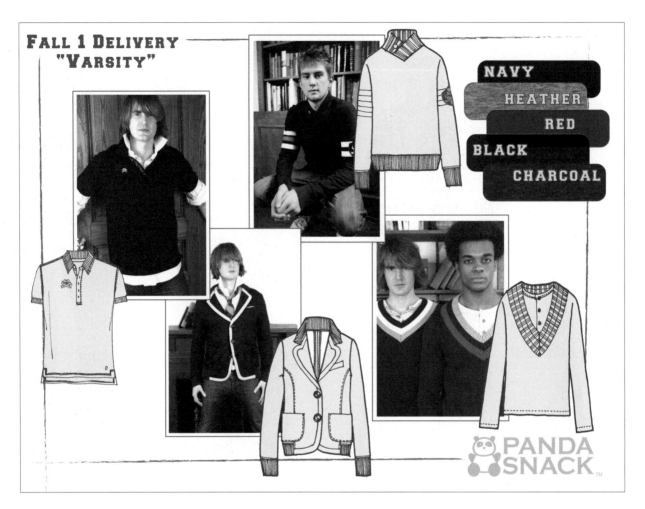

图9.5

设计师通过自己独特的色感,将颜色混合创造出个性化的调色板。"色系"不应该孤立存在,而应该是作品集模板中的一部分,例如在水平或横向页面上创建的示例。
作品集模板由来自潘达·斯纳克的狄波拉·宝丽雅和迪亚瑞克·科努普提供。

9.1 男装作品集

整合男装设计作品集,发现其与任何其他时装设计专业方法相同,这些作品要与行业需求和对相关品质的要求联系起来。专业作品集通常专注于专业领域和搭配,包括但不限于:传统/定制经典,休闲单品,现代休闲服和正式服装。设计草图如图所示:图9.4是上列男装分类在AI软件中通过计算机技术增强效果手绘。集中关注某一特定类型的作品,而且形式单一化有助于保持连贯性并显出专业意识。

色感/色板

因为男装的主体或剪裁从设计上来说季节与季节之间一般变化很小,男装设计师通过颜色和工艺来展示他们的创造力。设计师通过自己独特的色感,将颜色混合创造出个性化的调色板。这些颜色的演变可以发展成为作品集的一部分,或以展示板为模板开发出来。通过在图形或平面上显示设计表达的色彩和平衡。服装可以以两种类型的色彩显示,通常是在一组调色板中调出的两到四个色彩。此外,这些颜色可以被命名,如图9.5以横向模板创建的示例。

9.2 展示板

通过展示板演示创造设计概念的能力，在男装设计中与任何其他领域一样至关重要。演示板广泛用于产品开发和自有商标制造（图9.6）。在一般销售当中，可以使用一块展示板演示，也可以使用多幅展示板进行演示，具体取决于系列的作品数量（图9.7）。这是一个多板演示的例子，包括主题板，织物和彩色板，以及带有现代配件的设计板。展示板演示可以复制到任何适合的作品集里。织物摹本通常由计算机生成或在彩色复印机上印出。展示板标签是很重要的，因为它标注了每件衣服，并且通常伴有简短的描述。设计和织物展示板结合成相对应的主题展示板。这种方法直截了当，没有任何不确定的部分。

平面款式图

男装行业的大部分设计工作以平面草图的形式表现。这样容易阅读也能实用地显示色彩，不同的设计师的平面草图风格大不相同。最重要的是需要通过技术达到比例准确性的高度统一。同时，整个设计图也不能显得单调无聊。设计图应该有设计师自己的个性，这样可以激发图案制造者或者服装商创造成品样品的热情。将设计图用于作品集演示或者色板展示中。在图9.8中，这些手绘图或"手绘板"是作品集的一部分，并以前后视图形式展示每种服装的颜色。需要展现的细节如服装晕染和以后需要展现的标签。这些都以垂直方向放置。绘画风格具有独特和引人入胜的品质。绘画图简单地呈现为黑白色以表现织物图案和纹理。织物用尼龙扣固定在醋酸酯套筒的顶部，以方便操作。这一页面是较大展示板的一部分，其中服装也在模特身上进行展示（图9.5）。

这一块展示板说明了休闲单品搭配是潮男的设计，这个公司针对年轻，性感，大城市，追逐潮流趋势的男性和年龄在18-30岁的女性生产时尚产品（图9.9）。

创建尺寸合理的平面图对于从工作室到生产的清晰沟通至关重要。仔细阅读第七章，了解绘制平面的方法和对技术的基本理解，选择符合水平和经验能力的平面绘制技术。图9.10a说明了男装磨损克罗伊的天然比例。如前面第七章的例子所示，平面轮廓是从男性速写获得的（图9.10b）。当在男性速写图上附加服装轮廓时，将看到一个展开的平面轮廓图（图9.10c）。较大的轮廓图为绘制服装的细节提供了更大的空间。而且，在视觉上更大的轮廓更加动态，特别是应用于展示板上。

一体式平面轮廓图可用于单件衣服。轮廓的顶部适合夹克；稍微弯曲的手臂位置用于两边或定制袖子。通过使用平面轮廓图展现夹克弯曲手臂位置的示例图，如9.11a所示。活动袖（用手臂弯曲）适用于衬衫，针织上衣，软外套等。图9.11b展现了衬衫的活动袖在身体部位中的位置。有关袖子位置的正确摆放，请参见第七章。值得注意的是，男装中传统的设计是服装的封口从左向右移动。

平面轮廓图的下部适合裤子和短裤，并可以适配衣服搭配上各种长度的裤子。图9.11c是从平面轮廓图上制作并生成的裤子示例图。这里的轮廓图应作为绘制展示板的基础，并不断修改。这样就有了自由发挥的空间，不那么僵硬，也更自然。这种技巧和手绘一样，但是在使用时更加有保障，就像有了底稿一样。掌握了这种技术之后，使用第七章中描述绘制方法绘制展示板。徒手绘图更快，但大多数专业设计师若非必要不会采用这种方法。在能徒手绘制平面图之前，理解正确比例是很必要的。

尽管根据设计者的需要和偏好，可以以各种材料绘制平面图，但是马克笔通常是首选。对于用于展示板演示的平面款式图尤其如此。黑色马克笔表示出对比线的比例使服装轮廓更有型，同时细节上也能脱颖而出。有关绘制平面图的技巧以及建议的材料和详细描述，请参见第七章。

通常，附件展示是用于男士服装展示板的补充，以展示独特的设计思维风格，是一种不包括在作品集展示或定制演示中的特殊模板。图9.12是一个获奖的例子，是美国时装设计师协会设计奖创建的设计组合竞赛奖。它代表了卓越的男装设计和展示技术。

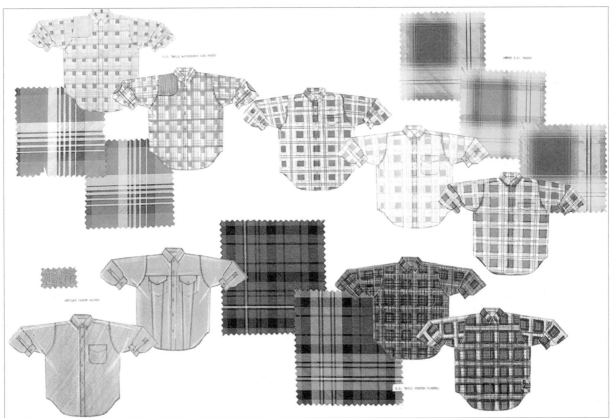

图9.6

展示板广泛用于产品开发以及自营产品制造，并且可以根据作品集规模从单幅演示到多幅展板。此示例展示了一个带有色彩板平面款式图的主题设计板。

展示板来自艾伦·保罗·哈里斯。

图9.7

这是一个由男装配饰设计师创建的多板展示的示例，后来被计算机重新调整以适应作品集的展示。
展示作品来自亚历克斯·斯德哥。

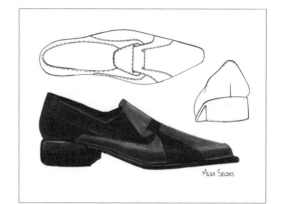

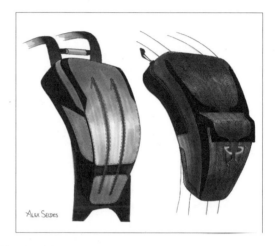

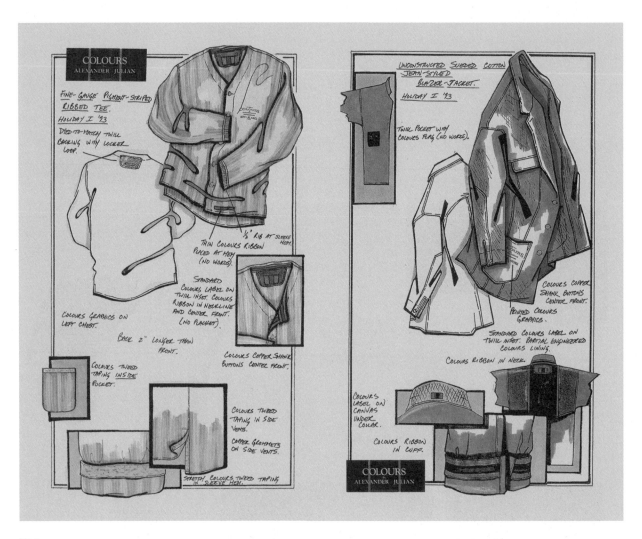

图9.8

这些手绘平面款式图或"浮窗"晕染的服装草图和细节可以应用于规格表中。他们美观程度和实用价值可以作为一个优秀的作品集模板。
款式图小插图来自安德鲁·科特沃。

时装摄影大片

照片作品集模板可用于突显服装构造中较强的技巧
能力，同时仍保持美感。它可以是那些素描技术能力过硬
的人的选择。由于其美丽的外观，一些设计师喜欢用这种
方式装点他们的传统作品集。照片页面可以加入设计或与
之相同部分的草图混合，因为在同一部分看起来更统一。
无论放在哪里，照片都给任何展示模板添加了独特和令人
兴奋的元素。

图9.9

单幅展示板展示了来自花花公子（Playboy）的休闲单品。这个公司的时尚产品创造针对目标为年轻，性感，都市，追逐潮流的男性和年龄在18-30岁的女性。

插图来自雷德·古帆思©花花公子。兔子头设计和兔子服装是商标来自花花公子。

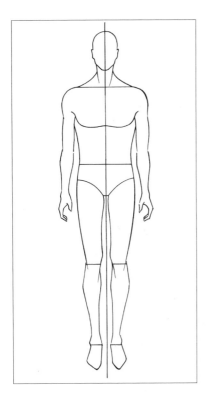

图9.10a
男装速写。
速写和平面轮廓图来自谭红。

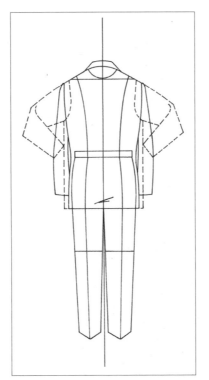

图9.10b
平面轮廓图。
来自谭红。

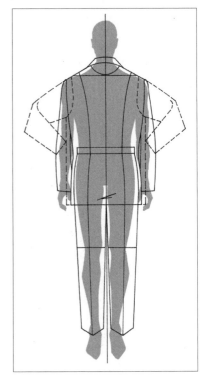

图9.10c
平面轮廓与男装速写搭配效果。
来自谭红。

图9.11a
弯臂位置的夹克效果。
平面草图来自谭红。

图9.11b
动作袖筒臂位置的衬衫平面图。
平面草图来自谭红。

图9.11c
从平面轮廓图中展开的效果。
平面草图来自谭红。

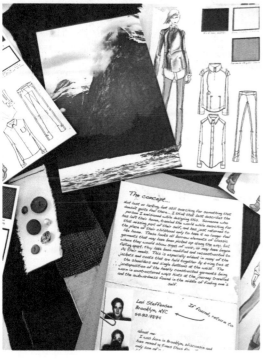

图9.12

这款美国时装设计师协会的男装系列作品集展示了设计师对可穿戴、前卫的运动服的偏好。根据西部牛仔对朝圣和自我发现的认识，它逐渐混合了牛仔形象与他们的经历。该演示结合了巧妙的手工绘图与数字技术的美化，并和一个"拼贴"玫瑰的打印图像包装在一个皮革信封里。织物和饰边缝在信封套上，插图放在一个手工绑定的文件夹里并附有皮革系带。

美国时装设计师协会奖学金设计组合比赛荣誉提名，来自纽约时装学院勒维·斯塔福森。

客户研究

　　定制的展示可以用来参加设计比赛，作为作品集的补充，作品面试以及完成公司要求的特殊项目，以确定设计师是否可以参与设计公司的特定风格。他们经常展示独特的设计思维方式或不同的设计领域，独立于作品集之外。包装通常与其内容一样重要和独特，应该与设计的感觉保持一致。图9.13中的设计是男装制造商设计的，专注于男士休闲装的前沿外观。展示了来自亚洲纹身的艺术灵感的一致设计，这里展示了两个系列："武士冲浪者"和"黄种人"，展示了时装设计师和印花设计师之间的合作努力。

图9.13（本页与对页图）

这些是男装制造商设计的，专注于男士休闲装的前沿外观。展示了来自亚洲纹身的艺术灵感的一致设计，这里展示了两个系列：

"武士冲浪者"和"黄种人"，展示了时装设计师和印花设计师之间的合作努力。

男装由安娜·基佩尔为彼得·穆（Peter Mui）设计"武士冲浪"系列，安娜·基佩尔插图；平面图由范勒雅·穆勒（Valeriya Miller）为彼得·穆设计"黄种人"系列。

PROVINCIAL SUMMER

DELIVERY 4

FRENCH PROVINCIAL STYLE INSPIRES STREAMS OF SUNLIGHT, AGED TIMBERS, AND THE SCENT OF LAVENDAR. IN TERMS OF APPAREL, A CAREFREE MOOD LOOKS TO FRENCH TOILES AND CASUAL FLORALS. EYELETS, TUXEDO AND BIB FRONTS, ROLLED CUFFS ROPE ACCESSORIES AND BORDER PRINTS FURTHER THE FEELING OF CASUAL ELEGANCE. SUNFLOWER YELLOW, COLBALT AND CHAMBRAY BLUES, BRICK RED, PEACH, SAGE AND COFFEE ALL ARE OFFSET BY SHADES OF WHITE.

童装设计

儿童服装设计师对尺度，颜色，尺寸和纹理有独特的处理方法。设计师需要利用实物元素并启发小顾客们认知大千世界，因而他们的设计必须有激发和鼓励的潜质。

这些设计师通常是享受乐趣的，并且也需要有孩子般的心灵。他们需要想象力大开，需要透过孩子的眼睛看到他们的世界。我们每一个人都有过这样一个阶段，当我们还小的时候，觉得成人的世界那么大。也许是小时候的记忆唤起了这种回忆。儿童服装设计师对比例，颜色，尺寸和纹理有自己独特的处理方式。回忆并重新唤起儿时的印象和想象能力是设计儿童服装的真正财富。将这些早期的印象综合，最终成为设计师的作品。然而，它的设计还必须更进一步。儿童服装设计师重塑这些概念的同时还需诠释功能性，可穿戴性，和耐用性——舒适且有吸引力的衣服，可以帮助孩子进入各个发展阶段。一个成功的设计产品，是实用性和美观的结合，满足了孩子的身体和情感的需要。大多数设计师都希望实现这种特殊的统一。

10.1 定位年龄和性别

儿童服装设计师必须了解各种年龄段的特殊要求。从新生儿到青少年，每个群体都有具体的需要，由儿童的发育成长和他的身体能力所决定。对于作品来说，重要的是从外观上通过姿势和行为来定义这些年龄组孩子的能力。例如，婴儿或新生儿的作品集架构与四到六岁的作品集架构大不相同（图10.1和10.2）。因为婴儿不走路或爬行，他们大部分时间都坐着或躺着。但是四到六岁的孩子具有更强的身体能力，可以通过多种方式表现出来。此外，性别特征随着儿童年龄的增长而变得更加明确。展现性别差异格外重要，因为设计师通常专注某一种性别的设计。不同的发型，姿态和道具的区别可以帮助儿童进一步了解和定义年龄和性别。

儿童的尺寸通常对应于他们的年龄。每组尺寸范围适用于具有相似身体比例和发育需要的儿童。因为儿童的成长模式在身高和体重上差异很大，他们穿的尺寸可能与他们的年龄不完全一样。例如，四岁的孩子可能仍然穿着

3T的尺寸。

以下是不同年龄组别及其特征的分类。包括对应于每组的尺寸大小以及性别区分。

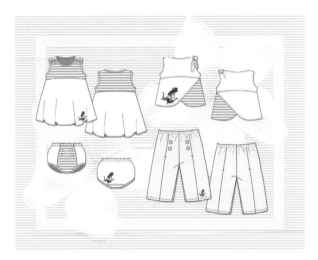

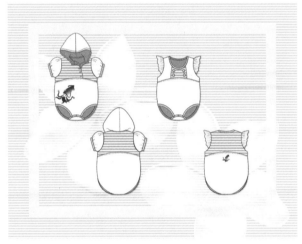

图10.1

婴儿服装的作品集架构。

作品集模板由悉尼·L.浩恩（Sydney L. hawes）提供。

图10.2

因为四到六岁的儿童具有更强的身体能力，可以适应不同的造型。在这个年龄，性别差异变得更加明显。

设计草图由安德里那·温福得（Adelina Windfield）提供。

婴儿

一般来说，婴儿的年龄范围是从出生到开始学习走路的阶段（通常约为一年）。婴儿的头部大约是他的总高度的四分之一。因为婴儿无法行走或爬行，他们常常处于支撑或躺下的状态。尺寸为3、6、9、12和18个月；或小、中、大和超大。

幼童

这个年龄段从早期步行阶段开始，大约一年，并持续到大约三岁。孩子的头部仍占身体的很大比例，比例略小于婴儿。因为在这个阶段的早期阶段的孩子仍然有行走困难，他们经常处于躺下，爬行或坐着的状态。大小为2T、3T和4T。"T"代表幼童，用于区分这一尺寸范围和下一尺寸范围。

图10.3

对设计师来说比较通用的设计范围，年龄范围从学龄前（三岁）到六岁。在这个范围内的男孩和女孩开始看起来有了明显不同，服装风格反映了这一变化。可以在这套设计中看到受美国西南风格影响，制作灵感来自流行的牛仔布/针织材料。
由安娜·基佩尔提供设计和说明。

图10.4（本页与对页图）

这种类型的报装由青少年或接近成年的青少年穿着，需要新的尺寸范围以适应他们几乎完成发育的身体。服装的姿态通常是生动的，有一种年轻随性的态度。道具和元素在展示中强调了这个年龄组的吸引力和魅力。

设计展示由布鲁克·艾瑞德森提供。

儿童

对设计师来说比较通用的设计范围，儿童的年龄范围从学龄前（三岁）到六岁。这个范围内的男孩和女孩开始看起来有了明显不同，服装风格反映了这种变化（图10.3）。孩子们站立时腹部轻微突起。大小为4、5和6X。男孩的尺寸是4到7（男孩没有尺寸6X）。其他尺寸类型是苗条，正常和宽大。在这个阶段之后，男孩的穿着与男装成为一体，因为它们具有相似的版型和生产方法。

女孩

这个范围包括从七岁到十岁的小学生。肌肉替代了原本的婴儿肥，四肢和躯干渐渐苗条和伸展。动作姿势通常有些尴尬，开始有了轻微的曲线线条，但身体还没有发展出青春期的女性曲线。尺寸为7、8、10、12和14。一些标准物品，如衬衫和牛仔裤，尺寸为7到16，以适应更广泛的客户需要。此外，也会有7到14宽大号范围，但这种市场需求是有限的。

青春期前儿童/青春期儿童

青春期的特点是成熟和身体生长。躯干变得细长，腰围更加明确。对于女孩来说，曲线开始在臀线和胸部形成。男孩的腰围伸长，臀线逐渐呈锥形。这是儿童与成年之间的过渡阶段，然而身体姿态也决定了成年的特性。尺寸大小为6、8、10、12和14。

青少年

这个范围的服装是由青少年或接近成年的青少年穿着，需要一个新的尺寸范围以适应他们几乎完成发育的身体。青春期的女孩身材纤细，匀称的臀部，新的腰线和身高以及圆润的乳房。十几岁的男孩胸部开始发育，手臂和腿部增加了清晰线条。姿态通常是生动的，有成年人的特性（图10.4）。比例稍大的头部通常可以区分这个年龄组和成年人。尺寸分为3、5、7、9、11和13。这个范围通常不被认为是童装行业的一部分，因为年轻人喜欢从成人制造商那里购买服装。

10.2 趋势和灵感

正如时尚产业的每个领域一样，每个季节的设计系列需要不断创新的想法和灵感。创造性和批判性思维对于设计过程至关重要。儿童服装设计师吸取灵感的来源十分丰富。对国内和国际事件的认识有助于在创造性环境中维持现实感和现代性（相对于仅仅依靠幻想的主题来说）。

如今，风格，时尚细节或概念也可以影响儿童服装市场。有时这是一种"潮流"的总体趋势，或者它可能是一个特定的设计师在当前服装季的影响。儿童服装设计师通过时装的展示和材料了解当前趋势。时尚预览服务将这些信息卖给公司和自由设计师，成本根据材料和服务的类型而变化。一些服务为欧洲和美国设计师提供秀场信息，突出重要的风格和颜色/面料趋势。预览服务也会针对儿

童服装或小学生服装，以及准备顾客的展示。此外，系列有两种架构——婴儿和儿童系列——顺应了趋势发展。这些涵盖欧洲和美国的设计师系列，囊括了每个的重要动向。

儿童服装制造商常常关注着青少年市场——7至14和8至20尺寸类别的设计方向。因为许多年轻的孩子想要看起来像他们的大哥哥或大姐姐一样，设计师必须学会以适当的方式满足这些小客户的外观需求。尺寸，比例和细节是重要的注意事项。他们并不想要重复一种风格，而是要捕捉它的本质或感觉。

逛商店可以帮助设计师了解不同时尚类别和市场的趋势。关注门店和专卖店，它们提供不同价格的各种商品。每个类别，无论看起来有无关联，都有潜力为儿

童服装设计师提供灵感。逛商场可以为你创造更多的时尚意识并最终可以融入设计师的思维。关注业界期刊和当前的时尚杂志同样可以作为参观商店的一部分。《恩豪斯》（earnhaws）和《儿童商业》（Children's Business）是专门为儿童服装市场的业界期刊。欧洲期刊包括《迪沃什》（Divos），《童装时样》（Vogue Bambini），《儿童时装》（Moda Bimbi），《童装集》（Colleziones Baby）和《童装工作室》（Studio Bambini），《魅力杂志》（Glamour），青少年版《世界时装》和《十七》也是青少年市场的优秀本地资源。

来自历史的灵感

来自历史的灵感可以为童装设计师带来无穷的资源。每一季的流行趋势都可以反映十年或更长历史时期的流行设计。通常，电影和戏剧带来这种灵感。童装灵感通常来自十九世纪和二十世纪早期风格，维多利亚女王时代的礼服和水兵服为主要特色。从过去的细节为现代服装增添新鲜感和魅力。设计师的任务是把历史演绎成现代语言，设计出实用且好穿的服装。

服饰收藏是历史研究的一个很好的来源。大都会艺术博物馆服装学院和纽约时装学院的博物馆是少数几个可供设计师参考的服饰收藏。如果你没法使用这些材料，也可以用画，雕塑和图解书作参考。包含从古董到现代风格的服装版材和照片图片集，如来自纽约公共图书馆的图片集。

专门播放经典电影的电视频道可以帮助年轻设计师熟悉二十世纪的几十年。设计师不断地从20世纪30年代到70年代中寻找复兴和重新诠释风格的材料。儿童节目和家庭节目同样也可以给予设计师重要的资源。

来自民族文化的灵感

民族服饰可以为儿童服装设计师提供丰富的灵感来源（图10.5）。新闻中的国家经常激发当前的流行趋势。儿童享受颜色和幻想，这些是往往是受文化灵感的影响。每个文化中的特殊工艺，如珠饰，贴花，编织，染色和印刷给服装一个独特和富有想象力的质感。美洲原住民、爱斯基摩族、墨西哥和南美洲、亚洲、非洲、斯拉夫、瑞士和斯堪的纳维亚文化是流行的设计资源。此外，牛仔一直是儿童服装的设计师永恒的灵感。博物馆，戏服和旅行可以引导设计师发现用于设计的新文化。

儿童文学作品

流行的儿童故事和童谣长期以来一直是儿童服装设计师的灵感来源之一。孩子们喜欢与他们最喜欢的人物有所关联。经典的童话故事，如灰姑娘和白雪公主的礼服被多次设计为派对礼服。现代经典同样也有影响，谁能忘记柯洛伊（Eloise）在广场时穿的白色连衣裙和蓝色的腰带，或马德琳和她的朋友穿着的车夫外套和宽边帽的魅力？儿童文学给服装带来幻想和乐趣。

角色授权

最受欢迎的电视节目，卡通片，电影或故事书中人物的流行可以激发儿童服装设计。如果儿童服装制造商想在设计中使用该角色，他们必须购买授权。设计可以通过各种形式出现，通常是徽标，贴布绣或印刷品。举一个例子，迪士尼卖出了许多专利，包括米老鼠（图10.6），小美人鱼和宝嘉康蒂。时机是授权交易中非常重要的因素。制造商必须能够在"热潮"褪去之前迅速做出生产安排并满足购买需求。

面料和花边

设计师每季都会看到新的布料生产线。纺织公司向设计师定期提供色卡，并在几种色彩中展示织物的"标头"。创新面料使儿童服装更加耐用和舒适，这种新的特性成为面料的一个亮点。无论是传统还是高科技，设计师都能使用面料创造有新鲜感的设计。

儿童服装设计师在面料方面遇到的一个问题是，目前很少有公司专门生产童装面料。因此，女装市场服务的纺织公司兼顾童装的印花和质地。

饰边是儿童服装的重要组成部分。绣花，彩带，鞋带，辫子和纽扣为每个季节的新设计提供了不少灵感。

儿童的活动和发展需要成为童装设计师的关注重点。轻便，速干的材料是户外活动的必要条件。温暖，舒适，弹性和可洗性在设计师的织物选择中也很重要。特别考虑联邦政府关于睡衣用织物的规定，在允许出售并制成服装之前必须通过测试要求。例如，迪士尼公司会测试自家产品印花和饰边的酸度。其他安全考虑包括避免使用束带、易吞咽的装饰物、闪光织物等。

FABRICS AND DETAILS

LINEN
CRISP COTTON
CANVAS
ROPE TRIMS

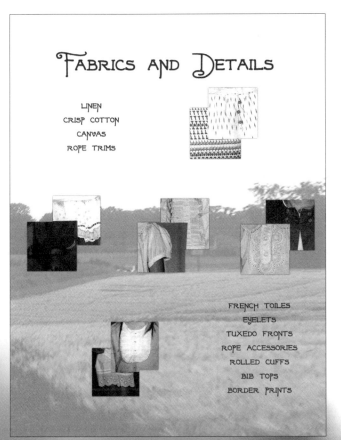

FRENCH TOILES
EYELETS
TUXEDO FRONTS
ROPE ACCESSORIES
ROLLED CUFFS
BIB TOPS
BORDER PRINTS

KEY PIECES

FULL SKIRT

PRINTED SHORT
WITH ROPE TIE

BIB FRONT TOP

RELAXED LINEN PANT
WITH ROLLED HEM

SUNDRESS WITH
BORDER DETAIL

PROVINCIAL SUMMER

DELIVERY 4

FRENCH PROVINCIAL STYLE INSPIRES STREAMS OF SUNLIGHT, AGED TIMBERS, AND
THE SCENT OF LAVENDAR. IN TERMS OF APPAREL, A CAREFREE MOOD LOOKS TO
FRENCH TOILES AND CASUAL FLORALS. EYELETS, TUXEDO AND BIB FRONTS, ROLLED CUFFS,
ROPE ACCESSORIES AND BORDER PRINTS FURTHER THE FEELING OF CASUAL ELEGANCE.
SUNFLOWER YELLOW, COLBALT AND CHAMBRAY BLUES, BRICK RED, PEACH, SAGE
AND COFFEE ALL ARE OFFSET BY SHADES OF WHITE.

图10.5
民族服装可以为儿童服装设计师提供丰富的灵感来源。这种结构的夏季运动服装组的
尺寸为4~6X，由织物、平面款式和设计页面组成，灵感来自普罗旺斯的颜色和纺织
品。值得注意的是法国乡村作为背景用于加强主题效果。
由苏珊·特尼尔（Susan Trotiner）设计展示。

10.3 特定领域

童装行业分为许多领域。某些制造商为特定年龄组制造服装，例如婴儿。其他公司生产一个特定类别的服装，如连衣裙，为多个年龄组生产。许多大公司有几个部门，并制造各种类别的服装。他们经常雇用几个设计师，每个设计一个或多个领域。

以下是童装行业的一些特定领域。

婴儿装

- 衣服：衬衫，浴衣，礼服，睡袋
- 洗礼服/白色连衣裙
- 弹性连体长裤/短裤
- 尿布裤
- 连衣裙和套装
- 外套，雪地靴，冬装
- 针织服装：毛衣和开襟衫，短靴和帽子
- 单品：针织马球衬衫，紧身裤，连体裤，短裤，裤子，T恤，领带，和服包裹服和开襟衫

幼童/男孩和女孩

- 男孩/女孩套装：短裤，裙子，工装裤，衬衫
- 短裤
- 其他套装/ T恤和紧身裤

休闲装

- 休闲裤/短裤/紧身裤
- 裙子和套头衫
- 女衬衫和男衬衫
- 夹克和背心
- 毛衣
- 泳装
- 汗衫
- T恤

裙装

- 定制连衣裙和派对服装
- 礼裙，连衣白裙

图10.6

最喜欢的电视节目，卡通片，电影或故事书人物的流行可以激发儿童服装的设计。迪士尼已经授权了许多角色，包括米老鼠，小美人鱼和波卡洪塔斯。在授权安排中，迪士尼对所有设计方面，包括服装设计和人物代表作最终批准。

插图由迪士尼公司（Disney characters © Disney enterprises，Inc.）提供。

- 套装
- 套头衫和衬衫
- 休闲裙

睡衣和内衣

- 长袍
- 睡袍/睡衣
- 拖鞋和衬裙
- 上衣和裤子
- 袜子

户外服

- 大衣：正式和休闲外套
- 夹克和大衣
- 滑雪服和防雪服
- 雨衣/防水衣/斗篷

10.4 童装作品集

尺寸和定位

许多儿童服装行业的专业人士喜欢用14X17英寸的尺寸，这样可以方便他们在作品集中展示各种各样的元素。但是富有创意性的儿童服装作品集样式往往是多元化的，大小和方向更具个性。许多设计专业人士喜欢使用水平方向，因为它在使用时符合儿童较小的身形。 水平方向可以在每页同时展示若干设计，同时又有足够的空间用于其他设计元素的展示。

内容和架构

首次进入职场的设计师应该有一系列年龄组和设计类别。虽然童装公司通常专注于某一大小领域或性别，但是行业新人不能预期他们最终将要专注的领域。相比之下，有经验的设计师通常专注于特定的设计领域，因此，他们的作品集更侧重于某一尺寸，性别和设计类别。设计师很少同时为男孩和女孩设计，除了婴儿和幼童组。

在设计儿童服装时，即使不是固有的，具体的技巧也是很重要的，这点应该在儿童服装设计师的作品集中显而易见。这些元素可以使你从竞争对手中脱颖而出，并帮助你找到你想要的工作。以下设计元素通常包含在儿童的服装展示中：

- 设计草图速写
- 气氛/主题视觉和标签
- 面料/五金/饰边
- 平面款式图
- 色彩

作品集版示和展示板

　　包括的页数可以根据每个作品集的范围而变化。大多数专业人士认为页数少一点好。可以自定义针对不同公司和市场的展示。一般来说，选择四到六个理念，每个大约两到四页就足以应对一次面试。开发几个设计思路；在作品集中设计避免单面上的单人设计。单个的设计浪费空间并且显得缺乏专业性。作品集只附上最好的作品。每个概念应该与下一个相连贯。不平衡的设计思维和概念会显得很不专业。

　　童装设计师需要具有通过展示板展示设计概念的能力（图10.7）。这些包括在作品集架构中使用的相同设计元素。这种扩展演示的优点是在多种色彩中展示每件服装，或者在一个展示中加入多种演绎方式。

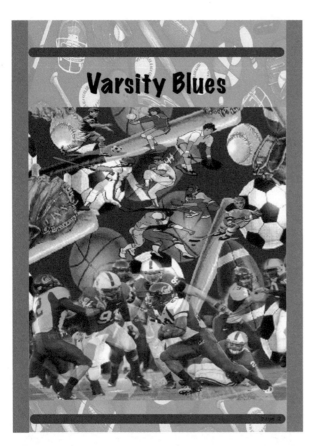

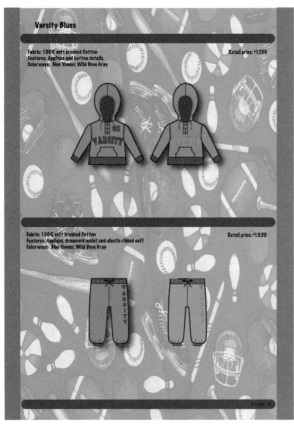

图10.7

这些展示有一个由运动主题灵感的男孩组作品。展示板您能够扩展演示，包括色彩设计和紧扣主题的视觉效果。展示板已成为销售设计概念的重要工具。

展示板由劳伦·格拉布（Lauren e. Galbo）提供。

平面款式图

儿童服装行业中大约80%的设计工作以平面草图的形式表现。平面草图必须显示儿童的比例差异，清晰并且比例正确。因为在儿童服装市场分为许多不同的年龄组，针对一个特定年龄组的设计速写和平面款式图是很有必要的。孩子的时装速写说明了一个六岁或七岁孩子身材的正确比例（图10.8a）。可以选择中间年龄段以简化方法。

平面轮廓（图10.8b）是从孩子的时尚速写演化而来的。正如在男装和女装的章节，剪影是为了更好地进行创意设计。平面轮廓（叠加在儿童的速写上）（图10.8c），展示服装在体型上的效果，而且体型图应为一个标准，所以不用手绘。因为儿童服装不太倾向于定制，所以这里的手臂位置采用了"动作袖"。然而，袖子的定位可以根据构造和期望的外观而变化，并且应当补充服装

轮廓。平面轮廓的下半部分可用于裤子，短裤或裙子。可以使用整个轮廓作为连衣裙和连衫裤比例的通用标准。

这里的草图是平面轮廓的三种服装：背心裙（图10.8d），束带裤（图10.8e）和拉链套头衫（图10.8f）。所有的平面款式图用同一个轮廓图完成变化的线条。相关的技巧和使用信息，请参阅第七章。

款式图是作品集和展示板展示的一部分。他们展现了设计师把握架构，比例和技巧的技能。通常，平面款式图展示设计，而儿童的速写则说明了商品化的想法和概念。因此作品集中包括平面款式图展示，因为儿童服装描绘中最重要的部分就是在平面图。通常平面草图的规格表也会混合与作品集演示。在设计组中包含规格表显示了用平面款式图的操作能力，以及对其目的的了解。有关设计单元的定位和设计的一般提示，请参见第四章。

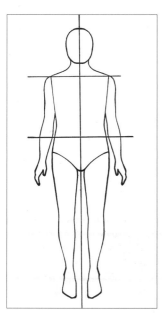

图10.8a

儿童时尚速写。

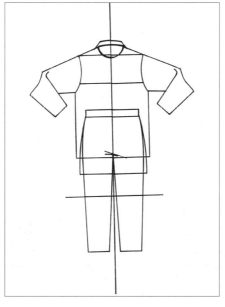

图10.8b

平面轮廓。

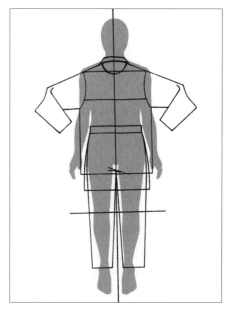

图10.8c

重叠。

d

e

f

图10.8d-f

这些设计图是从平面轮廓描绘而成的，而且使用了三种尺寸的记号笔完成。需要注意的是，设计师通过使用相同的平面轮廓来实现服装之间比例的一致性。

设计图草图由谭红提供。

传统织物

童装市场对于使用合适的颜色、图案和织物有特定的标准。传统上，黑色配件不常用于儿童服装，因为母亲不喜欢。商业规则是让物品面向有购买力的人，所以童装设计通常为吸引母亲，祖母和阿姨。实用性是一个重要的设计考虑; 因此白色服装通常用于特殊场合。

传统的基于性别的颜色同样适用。男人可能会买一件粉红色的衬衫作为西装或毛衣的搭配，但在儿童服装中，粉红色仍然是女孩专属，蓝色适用于男孩。黄色和薄荷绿被认为适合于两者。尽管着装规范已经没有了严苛的标准，传统的颜色和制作在销售方面继续统治着儿童服装市场。

尺寸模具是设计儿童服装的重要因素。设计师通常避免使用大的图案，因为它们可能压倒一个孩子的比例。因为儿童服装通常比成年人的服装小，超大的图案往往看起来不完整且不合适。一些常用于儿童服装市场的传统面料有：

· 随机条纹
· 印花针织
· 螺纹针织
· 新型针织（例如，尖头）
· Polo衬衫

· 织花布，纱线染色编织条纹和格子
· 花瓣（小型）
· 风俗画印花（可使用新颖的图案，例如茶杯，水果）
· 角色授权（芭比娃娃，洋基队，米老鼠）
· 丝印版画
· 刺绣
· 牛仔布/格子花布（所有儿童作品集在这个类别中都应该有一组设计，即使是连衣裙）

确定主题

童装通常是以主题为中心的。不管是什么领域，服装都会有印花，色彩，设计风格或特殊细节的共同点。这有助于建立一个系列的感觉，使销售产品线更清晰。具有同款特性的服装放在一起展示更好，通常比单独展示吸引更多的注意。在作品集中包含四到六个专题以展示使用主题的创意能力。这里展示的美国时装设计师协会作品集展示了一个想象力大开的全球主题，为青春期儿童/青少年群体设计。（图10.9）。

许多设计市场的潮流是对可持续性，节能和保护环境的关注。新兴的"绿色"公司创造了市场，并通过使用环保且可回收的材料引起公众的兴趣。这个男孩和女孩分开展现的"生态"为主题的例子（图10.10）显示了由生态问题所激发的不断增长的"绿色"潮流。

图10.9（本页与对页图）
这个独特例子的灵感来自世界各地的旅行和孩子们。标题"我看到伦敦，我看到法国"表达了充满想象力的旅行态度，是为青春期儿童和青少年市场设计的。这个作品集包括绗缝织物，小玩具和花卉法兰绒的花卉内衬，并饰有多彩色绒球和金色边缘的民族文化元素。编织到内部是古董地图，明信片，甚至护照，以强调从世界各地收集灵感的概念。入围美国时装设计师协会奖学金设计竞赛奖，由纽约时装学院艾琳卡·诗库德提供。

图10.10

这个男孩和女孩分别展现的"生态"主题的例子展示了对所有时尚市场中日益增长的由生态问题启发的"绿色"潮流。

设计展示由悉尼·L.哈恩提供。

协调款式

因为单品是儿童服装行业的一大部分，你需要展示在产品组合中搭配服装的能力（包括在本章前面列出的休闲服类别中的项目）。通常，运动服的主题是由想法，细节，颜色或制作为驱动的。通过展示出来自相同主题或制作一组单品的速写，设计者展示出这些单品可能搭配的方式。因此最终当服装在商店中销售时，就可以鼓励消费者购买几件服装以实现固定"搭配"，而不是仅仅一件服装。通常而言，消费者购买运动服用于搭配衣柜里的其他衣服。这是运动服设计的基本理念。搭配单品给客户更多的选择和灵活性，同时扩大了孩子的衣柜。

用传统风格处理设计图

童装设计师可能比任何其他设计区域能用夸张的姿态，神情，甚至比例描绘儿童的形象（图10.11和10.12）。玩具等道具可以用来增强孩童气质和魅力。这些带有儿童形象的展示捕捉了与儿童相关的精神和特征。大得夸张的头和脚，敲膝盖的动作或雀斑为图画中孩子的形象增添了迷人的魅力。能够捕捉这种精髓的人在这个市场中具有真正的设计潜力。

图10.12
赠送页上孩子的姿势和面部表情诠释了童年的精神。
设计素描由波安娜·诗德（Brianna Shields）供稿。

图10.11
展现了儿童夸张姿势，姿态，甚至是比例如何能够增强童装展示并正确地捕捉精华。
由苏珊·特尼尔设计展示提供。

* Spring/Summer

Boheimian & Versatile
Masculine & Feminine
Soft & Comfortable

- Worn 2 ways,
converts from Duffle
to Hobo

* sasha duffle

3.5cm

16cm

3.5cm

a bottega

13.5cm

21cm

11cm

34cm

时尚配饰设计

饰品有助于我们通过外观愉悦自己。如果我们说服装是男女主角，那么饰品就是配角。

手袋、皮带和鞋通常被人们认为是外在的表现物品和必需品，所以要兼顾实用性和美观性。相比之下，帽子和手套通常被认为是不那么外在的物品，虽然他们具有很强的实用性，但通常是为了凑齐全身装备而购买的。

饰品设计师往往从其他渠道辗转进入这个行业，很少会一开始就把饰品设计当成最终目标。他们是一个有着不同背景的折中群体。有些人通过传统的培训，比如纽约时装学院专门开设的时尚饰品课程进入行业；也有人通过服装设计职位和实习被吸引到这个领域。和学徒制很像，实习提供了在"现实生活"中进行职场培训的机会。对于一个有潜力的饰品设计师来说，最好的训练就是在带有实习成分的时装设计、制造或配件项目中进行技术培训。

饰品为我们穿衣提供了重要的平衡。设计师在为他们的时装秀选择饰品时非常慎重，帽子或鞋子的正确选择会影响到整个系列的舞台效果。比例和颜色也是重要的考虑因素。但最重要的是，饰品的感觉或外观必须符合的衣服的主题和风格。这里有两个例子，第一个例子采用现代结构方法（图11.1），而另一个例子（图11.2）是繁复和详细的，说明了设计师在设计时可以选择的广泛的设计可能性。客户和价格同样也是设计师在设计过程中必须考虑的因素。

设计师们会不断地寻找购买合适的配饰去增强他们在T台上的时尚嗅觉。时尚饰品的风格可以分为以下几类别：

- 经典
- 高街
- 运动
- 复古
- 极简
- 民族

成衣和饰品行业之间存在着爱恨交织的关系。独立配饰比如头巾，腰带，围巾等等可能会受到成衣的威胁。然而，随着服装的设计越发简化，配饰变得更加重要，给服装增添了亮点。配饰可以作为服装的对比或补充，一般黑色是配饰和成衣的重要颜色，当然颜色也与当季的流行色直接相关，如果配饰能够和最近购买的衣服搭配起来，那么消费者就会更愿意打开他们的钱包。

"配饰帮助我们体现我们的性格，并且张扬我们的个性，"一个成熟的手袋设计师凯莉·阿底娜说，"零售商评估客户的第一个标准就是他们的配饰，因为配饰能看出很多客户的消费习惯。一般来说，他们会看客户的手提包和鞋子来决定他们的购买潜力。"因此，配饰可以暗示我们的收入水平，体现我们是保守或时尚，纯粹主义还是完美主义，我们对自己的看法以及我们希望投射到世界中的形象。

配饰长期以来一直是社会地位或阶层的象征。在古代，只有非常富有的人才能拥有一双鞋子，直到工业革命时鞋子才开始为大众所拥有。在二十世纪，鞋子作为奢侈品开始出现了在不同的种类。罗杰·维维亚（Roger Vivier）创造的晚礼服鞋被作为艺术品珍藏；耐克（Nike）和锐步（Reebok）在球鞋和运动鞋领域遥遥领先；古驰让乐福鞋成为永恒的经典；香奈儿用她的双色鞋重新定义了古典主义；马诺洛·伯拉尼克（Manolo Blahnik）用他的奢华的穆勒鞋重塑了迷人的魅力。

女士帽子是传达社会地位的另一种手段。从历史上看，如果没有一顶合适的帽子作为点睛之笔，全身的装扮就会被认为是不完整的，用和服装相同材料制作的帽子来完成整套装扮的情况并不罕见。在20世纪30年代，20世纪40年代和50年代，搭配帽子是全社会的流行趋势，同时也经常搭配手套。诸如达什（Dache），约翰先生（Mr. John）和侯司顿等女帽设计大师也让女帽的美感更上一个台阶。在过去，设计师通常从女帽设计开始他们的时尚生涯，香奈儿，阿道夫（Adolfo）和侯司顿是最好的例子。

戴帽子的人会遇到一个有趣的现象，帕特里夏·安德伍德称之为"帽缘（Hat Check）"。当在街上路过某人时，女帽爱好者总会在陌生人的一瞥到回头中发现，无论对方是作何反应，她们肯定已经因为头上帽子吸引了对方的注意。帽子让你得到了关注！这也许成为了帽子如此受欢迎的一个原因。戴帽子就像小时候偷偷打扮被大人发现，而不用去找借口解释。帽子成为女士们表达自我的载体。

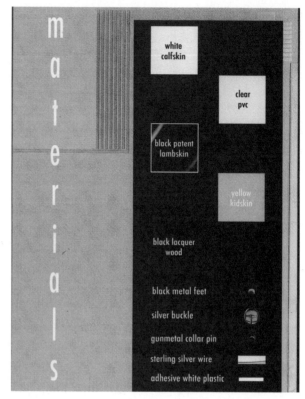

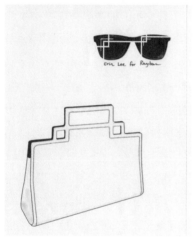
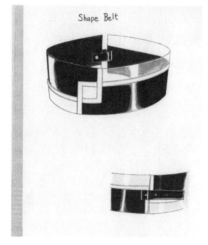
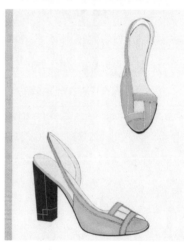

图11.1

这个设计系列包括材料和五金页面，展示了玛丽马克（Marimekko）常用的图形主题。设计展示来自艾琳·李（Erin Lee）。

11.1 分类

时尚配饰的主要类别有：

· 手袋   · 小皮具
· 鞋   · 腰带
· 手套   · 墨镜
· 女帽   · 服装饰品

　　饰品设计师和服装设计师在研究技术和预测来源上都大同小异，然而，时尚配饰的作品集必须反映设计师一定的能力，使面试者能够识别潜在的人才。饰品设计的天赋不一定只体现在设计本身或强大的绘图技能，在这个领域里展示天赋的另外的线索是对色彩的良好感觉、有趣的材料和纹理的选择，能发现所有细节的眼睛，强大的想象力和创造力。虽然这些品质在设计展示中很基础，但对入门级时尚配饰作品集至关重要。

　　有经验的饰品设计师会注意的设计元素包括材料打样，色彩，熨烫，新颖的缝合拼接手法或绗缝图案的色板，同样包括实际产品的宣传照和宣传报道。无论你是初学者还是专业人士，都要展示你的知识和优势，并展示出你的长处。如果你有一些技术经验，你可能想要充实你的作品，比如展示你制模和制作图案方面的知识。技术草图是传达这种知识的一种极佳的方式（图11.2）。由于这些简单的黑白草图的现实性和清晰度，它们通常优于更复杂的色彩样本。因此，它们更适合于生产目的，有助于生产更加精确。由于制造和生产转移到海外，所以饰品的文件里必须包括规格表和/或技术表格，通过绘图和测量规范的准确性展示结构知识，有点像绘制建筑蓝图。这些从两个不同组合中提取的手袋和腰带元素（图11.3），告诉了我们详细的测量和精确绘制技巧是生产过程中必不可少的。专业的设计师们心知肚明，在生产过程中没有任何"模棱两可"，如果详细的测量被遗漏或不准确，错误就会很容易发生。

时尚设计从业者过渡到饰品市场会相对容易，对于曾经由妮莎（Unisa）的鞋类设计师苏赛佩尔（Sue Seipel）来说就是这样——在面试一个服装设计职位时，她在饰品设计方面的潜能帮助了她更好地展示服装和创意，让饰品和服装完美协调。许多公司都有饰品部门，所以这样的机会并不罕见。设计配饰会提高你对配饰与服装之间关系的认识，并最终扩大你作为设计师的可塑性。有关详细附件草图的示例，请参见图11.4。图11.5包括情绪/主题页面、材料/裁剪页面和协调饰品页面，并且是较大范围的一部分。实际材料和技术说明补充这些动态插图，用马克笔和铅笔表达。关注怎样让材料去创造丰富，引人入胜，有触感的，能让人进入情绪/主题页面的视觉效果。

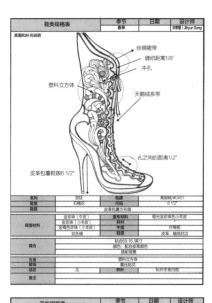
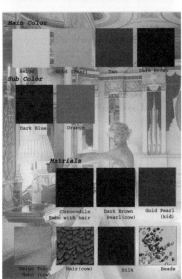

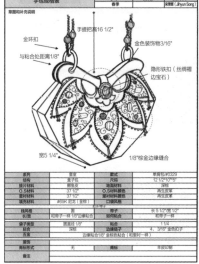

图11.2
与上一个例子的对比，配饰系列包括了带有繁复的刺绣和珠宝装饰的草图。该灵感来自维尼娜·瓦萨特（Vienna Werkstadt）运动和古斯塔夫·克里姆特（Gustav Klimt）的艺术作品。
设计展示来自宋季慧（Jihyun Song）。

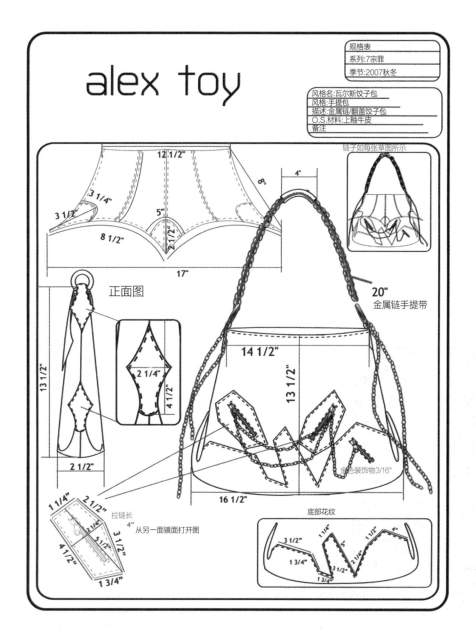

alex toy

规格表
系列:7宗罪
季节:2007秋冬

风格名:瓦尔斯饺子包
风格:手提包
描述:金属链/翻盖饺子包
O.S.材料:上釉牛皮
备注

链子如每张草图所示

12 1/2"

8"

4"

3 1/4"

3 1/2"

5"

2 1/2"

8 1/2"

17"

正面图

20"
金属链手提带

13 1/2"

2 1/4"

4 1/2"

14 1/2"

13 1/2"

2 1/2"

金色装饰物3/16"

1 1/4" 2 1/2"

拉链长
4"
从另一面镜面打开图

3 1/2"

5 1/2"

4 1/2"

1 3/4"

16 1/2"

底部花纹

1 1/4" 1 1/2" 4"

3 1/2" 5"

1 3/4" 3 1/2"

1 3/4"

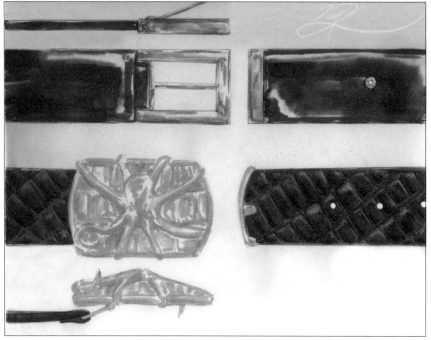

图11.3
这些从两套不同组合中提取的手袋和腰带规
格,告诉我们详细的测量和精确绘制技巧是生
产过程中必不可少的。
手袋设计及规格表:亚历克斯托(Alex
Toy);腰带扣,说明和规格表来自凯门·宥尼
(Kariem Younes)。

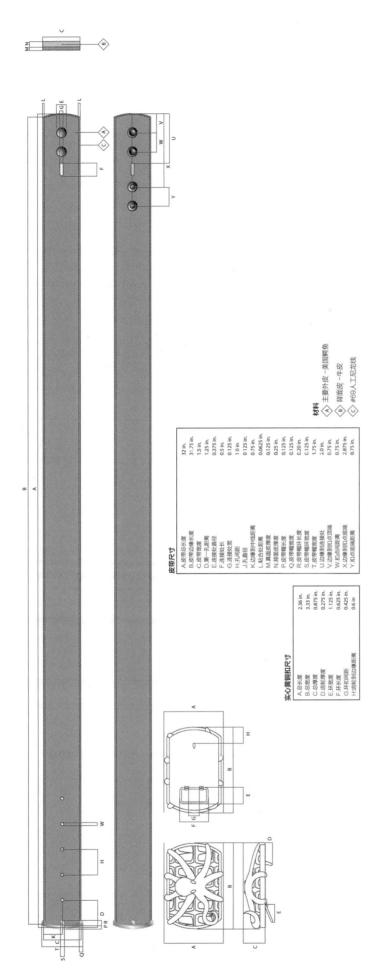

皮带尺寸

A.皮带总长度	32 in.
B.皮带外边缘长度	31.75 in.
C.皮带宽度	1.5 in.
D.第一孔距离	1.25 in.
E.连接处直径	0.375 in.
F.连接处长	0.5 in.
G.连接处宽	0.125 in.
H.孔间距	1.0 in
J.孔直径	0.125 in.
K.边缘到中线距离	0.75 in.
L.粘合处距离	0.0625 in.
M.真面皮厚度	0.125 in.
N.背面皮厚度	0.25 in.
P.皮带幅宽度	0.125 in.
Q.皮带帽宽度	0.20 in.
R.皮带帽环长度	0.125 in.
S.皮带帽环宽度	1.75 in.
T.皮带帽宽度	2.0 in.
U.边缘到孔点间接处	0.75 in.
W.孔左右间距	0.75 in.
X.边缘到孔点底距离	2.875 in.
Y.孔点底端距离	0.75 in.

实心黄铜扣尺寸

A.总长度	2.36 in.
B.总宽度	3.33 in.
C.总厚度	0.875 in.
D.齿板厚度	0.275 in.
E.环宽度	1.125 in.
F.环长度	0.625 in.
G.环扣间距	0.425 in.
H.齿板到扣边缘距离	0.6 in

材料

Ⓐ 主要外皮 - 美国鳄鱼
Ⓑ 背面皮 - 牛皮
Ⓒ #69人工尼龙线

SPECIFICATIONS SHEET – ALLIGATOR-O BELT

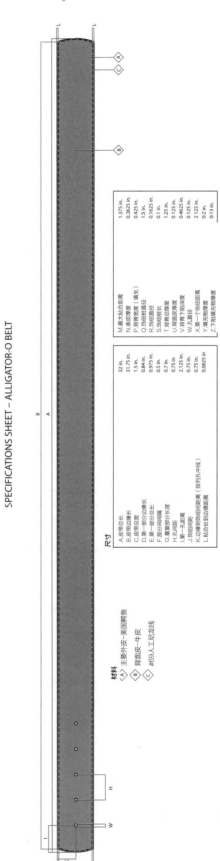

尺寸

A.皮带总长	32 in.
B.皮带外总宽	31.75 in.
C.皮带宽度	1.5 in.
D.第一部分边缘长	0.84 in.
E.第一部分总长	0.975 in.
F.部分间间隔	0.5 in.
G.重叠部分长度	0.7 in.
H.孔间距	0.75 in.
J.第一孔距离	2.125 in.
K.边缘到饰扣组间距离（排列孔,中线）	0.75 in.
L.粘合处到边缘距离	0.0625 in

M.最大粘合距离	1.375 in.
N.表皮厚度	0.3625 in.
P.背脊宽度(填充)	0.425 in.
Q.饰组柱直径	1.5 in.
R.饰组柱直径	0.1625 in.
S.饰组柱长	0.1 in.
T.背脊总厚度	1.25 in.
U.背面皮厚度	0.125 in.
V.背脊下凹深度	0.4625 in.
W.孔直径	0.125 in.
X.第一个饰组距离	2.125 in.
Y.填充物厚度	0.75 in.
Z.下陷填充物厚度	0.2 in.
	0.13 in.

材料

Ⓐ 主要外皮 - 美国鳄鱼
Ⓑ 背面皮 - 牛皮
Ⓒ #69人工尼龙线

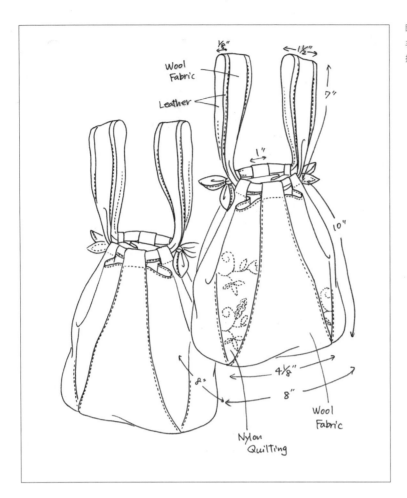

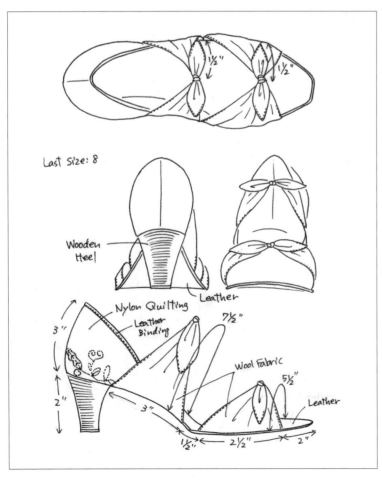

图11.4
手袋和鞋子的技术草图。
技术草图来自美岛绿小松（Midori Komatsu）。

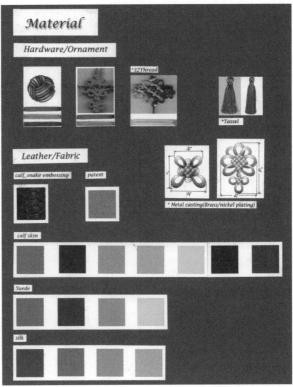

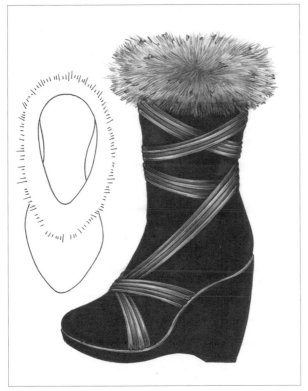

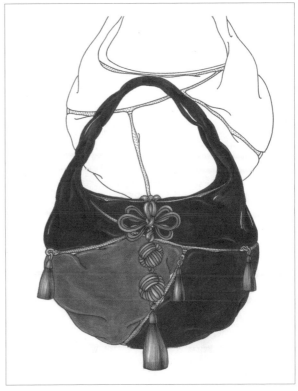

图11.5

实际材料和技术描绘可以是一个动态服饰图的补充，用马克笔和铅笔渲染。了解怎样让材料去创造丰富，引人入胜，有触感的，能让人进入情绪/主题页面的视觉效果。
系列展示演示来自蒋洪珠（Hyojung Jung）。

练习：为整体外观搭配合适的配饰

一个制作配饰的公司可能会要求你做一个类似这样的题目的项目来测试你的想象力和创造力。撕下杂志内页的衣服，为这些衣服设计配饰。这类测试项目通常很少有或没有限制，因为这是对创造力的测试。在做之前，请记住以下几点：

· 需要设计多少配饰？他们需要多产的设计，不要吝啬创造力！

· 是设计一个配饰系列，还是应该设计一个类别，如鞋子或手袋？一个保守的做法是根据公司的要求设计。但一个更有创意的解决方案是给他们设计一个系列，因为那样可以启发一些新想法。

· 我应该使用同杂志内页中一样的配色吗？这是一个展示你的创造力的机会。尝试通过添加新元素（如印花，织物或纹理）获得意想不到的效果。

· 我应该使用什么技巧来渲染我的设计？使用你习惯的媒介工具和技巧，那样你会发挥出最好的水平。

· 他们是否想要一种特定类型的展示形式，如展示板，折叠展示，快速草图等？这通常由你的创造力决定。

通常，项目创作周期和创作兴趣挂钩。如果你星期五收到一个项目，周一交稿，这将给人一个良好的印象并可能会增加你的机会。当然，应该通过你无瑕疵的表现，精湛的设计，协调搭配，创造力与现实相结合，证明你周末时光的每一秒都尽其所用。如果对格式没有限制，您可能需要考虑第本页的特色展示部分中描述的选项。这些是这种项目的普遍选择方法，因为它们非常便携，可以用于其他面试。

展示板

展示板是展示作品集主题和设计概念的好工具，可以通过计算机使用现有作品集生成。阅读第八章，了解设计和制作展示板的一般方法，以及建议的技巧，材料和展示板的重复使用。

展示板可以包括一个类别中的配饰设计，或者展示不同的搭配领域，如图11.6所示。搭配单品通常用术语"系列"来标识。在任一情况下，用颜色和材料样本鲜明、清晰的视觉效果来加强主题效果。图11.2、11.5和11.7分别是使用地理区域作为设计主题的例子——维也纳，韩国和巴塞罗那。这些展示说明了配饰设计不固定分类的几个领域，以及每个类别可能包括的色彩。色彩可以提供给客户更多的选择。以搭配或协调色彩展示的单品会鼓励客户重复购买。这些可以通过各种渲染方式来表达，包括水粉/水彩，马克笔和彩色铅笔。许多专业人士选择在其演示草图中结合媒体介质更好地表达深度和细节。

特色展示

插页展示经常单独使用或作为时尚配饰作品集的补充。在面试时看到"惊喜"的设计既引人注目又让人意外（图11.8）。特色演示可以采取各种形式，如将插页板放置在一个盒子中，并绑上搭配协调的丝带，或8$^{1/2}$×11英寸彩色副本塞进信封。创造力和想象力是设计特色展示的关键，可以留下难忘的印象（图11.9）。你可以从各种方面创造特色的展示：展示在一个价格区间或市场中设计的能力，诠释独特的设计理念，或为潜在雇主定制展示形式。无论什么原因，特色展示是对组合集的极好的补充。

时尚摄影大片

有经验的设计师经常加入一些他们作品集中所做的系列照片。在一个专门的配饰设计系列中，如纽约时装学院的一个大四学生在学生秀上展示设计和制作的迷你系列照片。如图11.10a-d，这些例子，可以作为作品集不错的补充。因为这样更加专业，更加有闪光点，在面试时可以让你获得更多交谈机会。

零售设计

配饰的灵感可以来自任何地方，但通常来自昂贵的设计师的鞋或包，采用复古或其他款式，被用作模板来制作一个符合大众市场的版本（图11.11）。以这种方式重新诠释设计的能力是设计师必备的重要素质，特别是针对较低的价格市场进行设计时。材料成本和工艺在这个过程中起到重要作用（图11.12）。

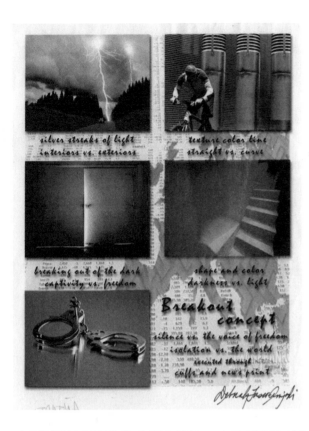

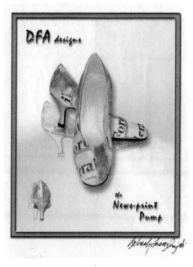

图11.6
这些展示板显示了使用印花和色彩作为常见设计元素的不同搭配配饰的迷你系列。它们由现有作品在计算机上生成。设计师结合手绘技巧与计算机技术来实现这个美观且专业的效果。
由德博拉·福柯（Deborah Fusco）设计演示 。

EL CAPRICHO

COLLECTION

GAUDI·ESQUE

FALL

KD. Novani

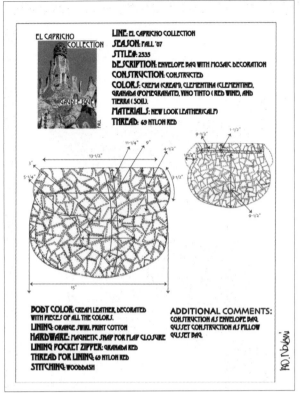

图11.7
本案例使用巴塞罗那的地理位置作为其设计主题。这一作品的细节、材料、结构和成品在本展示的技巧页上进行了描述。
演示来自安德鲁·丹尼尔·诺兰尼（Andrea Danielle novani）。

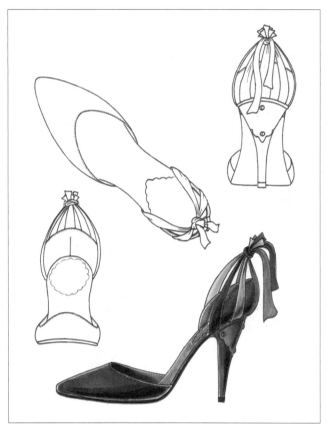

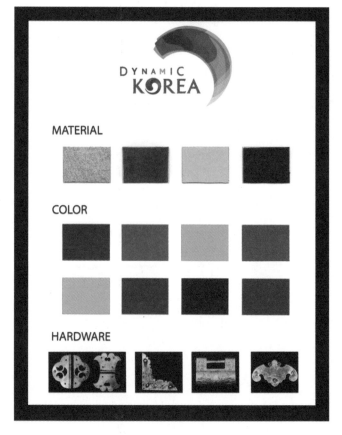

图11.8

在面试时看到"惊喜"的设计既引人注目又吸引人。这个例子中，"流光"系列，装在盒子中作为礼物，并用红色，蓝色和黄色丝带与设

计主题和色彩相协调，展示了一个引人注目的内容，留下一个令人难忘的印象。

设计介绍来自申慧宥（Hye Young Shin）。

图11.9

例如这个"红色系列：线和形式"的案例，采用不寻常的形状，引人注目的视觉效果及诱人的色系，包含了在特色演示中的重要元素。

设计介绍来自海拉（Hara）和孔海尼（Hani Koo）。

图11.10

这些实际模型的例子是由纽约时装学院配饰设计部大四学生创作的，对一个作品集做出了极好的补充。每一幅都展示了设计师的独特视角和视觉感受。

拍摄由纽约服装学院摄影部杰克·库娅（Jacek Kuzniar）和詹尼拉·马提尼（Janira Martinez）完成。

图11.10a

由杰西卡·劳伦·海默兹（Jessica Lauren Hymowitz）设计的长颈靴。材料：长颈鹿主题配合手工缝制小牛皮，贴着人的头发做成的饰边。

图11.10b

由艾琳卡·卢奇（Erica Rucci）设计的心型搭配。材质：鹅卵石拉丝金小牛皮，黄铜拉链。

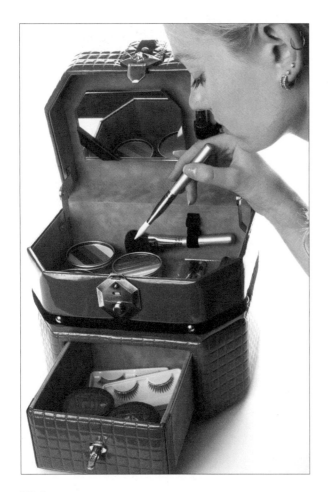

图11.10c

由卡勒·凯（Kyle Ke）设计的化妆盒。材料：绗缝灰色漆皮和薰衣草麂皮衬里。

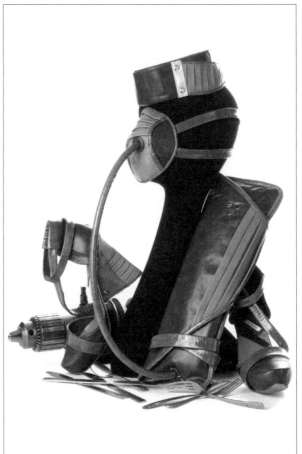

图11.10d

由乔尼·埃斯尼（Joanne Espinell）设计的未来航空公司空姐座标。材质：仿古饰灰色小牛皮打褶金属五金。

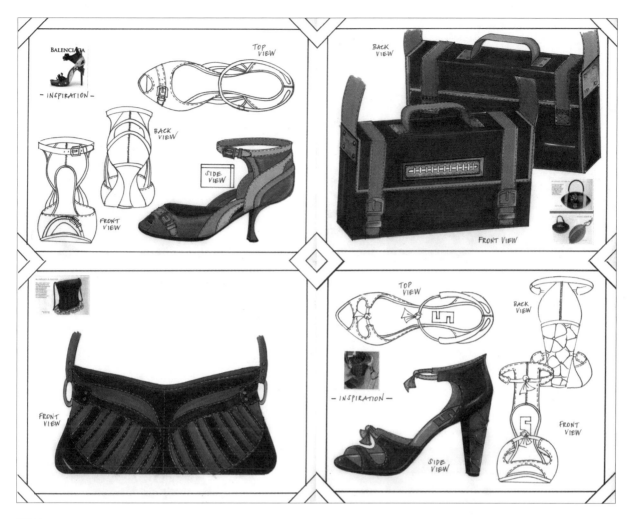

图11.11

从昂贵的设计师品牌重新诠释设计的能力是设计师的一项必要素质，尤其是在设计较低的价格的产品时。

这份充满灵感的诠释来自斯蒂芬·凯西（Stephen Casey）。

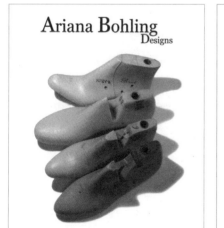

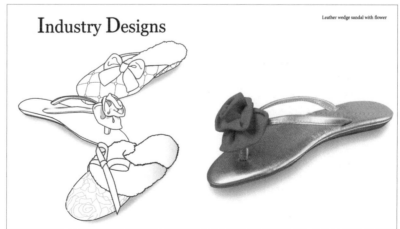

图11.12

对于一个行业新人设计师来说，创建一个自主设计的小册子展示最好设计作品，是一种很好的社交媒介，可以通过这份册子拓展人脉，最终得到更高级的设计工作。

设计小册子来自安德安娜·博荷琳（Ariana Bohling）。

Portfolio Presentation for Fashion Designers 3e

copyright ©2010 Bloomsbury Publishing Inc.

This book is published by arrangement with Bloomsbury Publishing Inc.

Translation © 2017 China Youth Publishing Group

律师声明

北京市中友律师事务所李苗苗律师代表中国青年出版社郑重声明：本书由Bloomsbury出版社授权中国青年出版社独家出版发行。未经版权所有人和中国青年出版社书面许可，任何组织机构、个人不得以任何形式擅自复制、改编或传播本书全部或部分内容。凡有侵权行为，必须承担法律责任。中国青年出版社将配合版权执法机关大力打击盗印、盗版等任何形式的侵权行为。敬请广大读者协助举报，对经查实的侵权案件给予举报人重奖。

侵权举报电话

全国"扫黄打非"工作小组办公室
010-65233456　65212870
http://www.shdf.gov.cn

中国青年出版社
010-50856028
E-mail: editor@cypmedia.com

图书在版编目（CIP）数据

时装设计与作品集规划/（美）琳达·泰恩编著；王玥译 .
— 北京：中国青年出版社，2017. 9
书名原文: Portfolio Presentation for Fashion Designer 3rd Edtion
国际时装设计精品教程
ISBN 978-7-5153-4810-0
I.①时… Ⅱ.①琳… ②王… Ⅲ.①时装-服装设计-教材　Ⅳ.①TS941.2
中国版本图书馆CIP数据核字（2017）第164519号

版权登记号:01-2017-3541

责任编辑　张　军
助理编辑　张君娜
专业顾问　蔡苏凡
封面设计　叶一帆

国际时装设计精品教程：时装设计与作品集规划
[美] 琳达·泰恩 /编著　王玥 /译

出版发行:	中国青年出版社
地　　址:	北京市东四十二条21号
邮政编码:	100708
电　　话:	（010）50856188 / 50856199
传　　真:	（010）50856111
企　　划:	北京中青雄狮数码传媒科技有限公司
印　　刷:	北京凯德印刷有限责任公司
开　　本:	889 x 1194　1/16
印　　张:	11.5
版　　次:	2017年10月北京第1版
印　　次:	2017年10月第1次印刷
书　　号:	ISBN 978-7-5153-4810-0
定　　价:	89.80元

本书如有印装质量等问题，请与本社联系
电话：（010）50856188 / 50856199
读者来信：reader@cypmedia.com
投稿邮箱：author@cypmedia.com
如有其他问题请访问我们的网站：http://www.cypmedia.com